冶金历史文化丛书

# 寻铁记

中国古代大型铁质文物学生实践团　编著

北京

冶金工业出版社

2011

## 内容提要

本书分为行程篇和调研篇。行程篇记录了中国古代大型铁质文物学生实践团2007年、2008年30支分团、228名同学从项目选题、团队组建、实地调研、资料整理、成果总结等方面的实践情况。调研篇在大量调研数据和资料整理、统计、分析的基础上，分析了中国古代大型铁质文物分布特征，建立了铁质文物损害分类，分析了大型铁质文物的典型病害现象，阐释了我国铁质文物的文化价值，并对铁质文物保存与利用中现存的问题及原因进行了深入分析，提出大型铁质文物科学保护与利用的建议和意见。书后附有实践中拍摄的文物照片和文物简介及相关故事说明。

本书可供从事科技史研究和学生社会活动工作的相关人员参考。

图书在版编目（CIP）数据

寻铁记/中国古代大型铁质文物学生实践团编著.
—北京：冶金工业出版社，2011.2
冶金历史文化丛书
ISBN 978-7-5024-5450-0

Ⅰ.①寻…　Ⅱ.①中…　Ⅲ.①铁器（考古）—文物工作—中国　Ⅳ.①K876.42

中国版本图书馆CIP数据核字（2010）第263775号

出版人　曹胜利
地　　址　北京北河沿大街嵩祝院北巷39号，邮编100009
电　　话　（010）64027926　电子信箱 yjcbs@cnmip.com.cn
责任编辑　刘小峰　谢冠伦　美术编辑　李　新　版式设计　孙跃红
责任校对　王永欣　责任印制　牛晓波
ISBN 978-7-5024-5450-0
北京兴华印刷厂印刷；冶金工业出版社发行；各地新华书店经销
2011年2月第1版，2011年2月第1次印刷
169mm×239mm；10.5印张；4彩页；156千字；158页
39.00元
冶金工业出版社发行部　电话：(010)64044283　传真：(010)64027893
冶金书店　地址：北京东四西大街46号(100010)　电话：(010)65289081(兼传真)
（本书如有印装质量问题，本社发行部负责退换）

# 前言

谈到中国古代的重大发明创造，很多人首先会想到造纸术、活字印刷术、指南针和火药。这四大发明是由西方学者以对西方近代文明的推动和影响程度为标准总结出来的。北京科技大学李延祥教授提出，如果以对中国文明的发展所起的作用为标准，把中国古代的创造发明排序的话，炼铁技术应排在第一位。

中国是世界上发明和使用生铁最早的国家。至迟于公元前6世纪初，中国已经发明并推广使用了生铁，在秦汉时期已经形成了完善的生铁制钢技术体系，而欧洲拥有这一技术则是在公元14世纪之后。生铁及生铁制钢技术极大提高了钢铁生产效率，对中国古代社会的繁荣与发展产生了巨大的推动作用。国际著名冶金史专家、中科院资深院士柯俊先生曾对此做出评价："从生产力的发展来看，在公元前5世纪到20世纪80年代的2500年中，农业和钢铁是人类历史和文明发展的基础，钢铁又是农业和国民经济发展的决定性物质基础。15世纪以前，中国独特的、唯一的、世界最早的生铁与生铁炼钢技术奠定了中国古代文明以至于现代文明的基础。"

岁月流觞，沧海桑田，昔日生铁今何在？

古代生铁制品以农具和兵器居多，时至今日，除博物馆中有少量收藏，其余大都不复存在。中国古代也曾铸造了许多大型铁质文物，以造像和法器为主，多用于民俗和宗教活动，承载了一代又一代人的精神寄托。这些大型铁质文物还有部分存世，但其被赋予的信仰功能正渐渐弱化，其涵盖的历史信息日益被忽视。曾经肩摩袂接、鬓影幢幢、香火鼎盛，如今黯然沉静、锈蚀残毁、人迹鲜至，它们所见证的历史、蕴涵的大美渐渐尘封。

作为钢院里生活的“钢小伙”、“铁姑娘”，2007年、2008年的暑期，北京科技大学的228名同学，根据生源地，组建了30支分团、小队，在祖国的17个省、市、自治区，对分布在101个市、区、县的207件大型铁器做了调查，详细记录了文物的规格参数、年代用途、铭刻纹饰和艺文记载，并进行拍照、摄像。至2009年，这207件大型铁质文物的资料基本整理完毕，项目团在北京科技大学冶金与材料史研究所各位专家的带领下，对资料进行大量的整理分析，并进行了初步的探讨和研究，就现有条件下，如何更好地开展铁质文物保护与利用提出切实、中肯的建议。并在2009年11月的全国“挑战杯”大学生课外学术科技作品中广受专家和兄弟高校的关注，获得此次挑战杯竞赛全国二等奖。

青春作伴好还乡。对于不乏激情的大学生们来说，寻铁之行满载神秘和期冀，略有荆棘与坎坷；既是朝圣之旅，也是跋涉之途，更是走出校园，接触社会，力行实践之路。同学们用写行程日记、感想感悟的方式将此行中的点点滴滴记了下来。这些热情洋溢的文字挥洒着青春的朝气，而真诚的话语，又难免显露出些许稚嫩，品读起来，很有一番味道，可以当作了解当代大学生内心世界的一扇窗户。

在“指南针计划”试点项目“中国古代生铁发明创造挖掘与展示”的支持下，我们将同学们在调查期间所写的日记、感悟和报告稍作整理，从中选辑出数十篇，汇编成这本《寻铁记》，希望将同学们的所历、所感、所想呈现出来，与众读者共欣享。

编　者

2010年10月

# 目录

## 上：行程篇

# 下：调研篇

## 中国古代大型铁质文物保护现状及其文化价值调研报告

## 附　录

上

SHANG

# 行程篇

228名同学的寻铁之行，历经北京、河北、天津、辽宁、陕西、山西、山东、浙江、四川、河南、安徽、广东、江苏、湖南、云南、福建、甘肃17个省、市、自治区的101个县市，走长城内外、大江南北，访名寺古刹、楼宇门庭，顶烈日、冒酷暑、披风雨，访老者、觅线索、查史料，留下数万字的文字资料、故事佳话、心得记录。我们从中选取了9省市的32篇心得记录，真实再现同学们在实践过程中的点滴辛苦、行程感悟。

# 北　京

北京是我国的政治、文化中心，也是我国的六大古都之一，特别是元明清三朝连续定都北京，给北京留下了大量的历史文化遗产，其中不乏大型铁质文物；同时在北京做调查可利用的资源比较丰富，因此北京是我们此次调查的重点地区之一。2007年和2008年夏天我们分别组织了6个小队共49人次的队伍对北京市区及周边各远郊区县进行了深入详细的调查，获得了丰硕的成果。

虽然在北京占据了天时、地利、人和的条件，但暑期的北京正值旅游旺季，我们的实践队员不得不顶着烈日，扛着沉重的照相机在拥挤的人群里穿梭、寻找。从故宫到长城，从钟楼到鼓楼，从军事博物馆到首都博物馆，从八大处到香山，从灵光寺到大钟寺……，到处都活跃着我们的实践队员。每到一处，他们都对大型铁质文物进行细致的测量和观察，并拍下珍贵的照片，同时他们还当起文物保护的志愿宣传员，向广大游客宣传文物保护意识和普及文物保护知识。回来后，他们又不顾辛劳精心整理资料，撰写实践日志并最终汇总为实践报告。

北京团的工作为我们积累了大量的铁质文物的调研参数表和文物病害数据，并提出了很多有价值的意见和建议，对我们今后开展文物普查和保护工作具有一定的借鉴意义。

# 大钟寺里的热情

□ 王树财小队

今天，我们的实践地点是大钟寺。下午，吃过午饭，我们慕名来到大钟寺古钟博物馆。

大钟寺外铁狮子

大钟寺古钟博物馆位于京城名刹大钟寺内。大钟寺原名“觉生寺”，始建于清雍正十一年（公元1733年），总占地3万平方米，寺庙格局严谨，气势雄伟，曾是皇家祈雨、举行佛事活动的重要场所。因寺内珍藏一口明永乐年间所铸的巨大佛钟，故俗称为“大钟寺”。

我们来此的目的，并不是永乐大钟，而是其他的铁钟。初进大钟寺，我们便被门内两侧悬挂的钟吸引了，驻足观看，我们有了一个意外的发现，这些钟竟是北京钢院监制的，而北京钢院正是北京科技大学的前身，作为校友，我们着实自豪了一番，并拍照留念。

再往前走，我们听到了悠扬的古乐器声。闻声而去，原来是一位老奶奶在敲战国编钟。只见她有条不紊地敲击着编钟，发出了悦耳的极富感染力的钟声。曲罢，我们仍意犹未尽。怀着崇敬的心情，我们忙拿出东西让她“签名”（其实就是填调查问卷，呵呵），老人很是热情，她让我先去忙别的，待会儿来取就行，我们对她的敬意又增了几分。

大钟寺走廊上悬挂的铁钟

大钟寺博物馆内陈列的铁钟

音乐虽然好听，但我们还有很多事，便没有逗留。转眼我们又来到其后的陈列馆，一进门，便看到一个和我们穿着同样T恤的女生。由于是校友，我们便热情地攀谈起来。话语中，我得知她是材料专业的，也是来实践的，她负责讲解。我们闻言大喜，她正好可以为我们找到我们想要的铁器呀。果不其然，在她的协助下，我们很快找到了一系列的铁钟，并一一拍摄。就这样，我们总算完成了摄影任务。

照片是有了，接下来就差资料了。经过工作人员的帮助，我们总算绕到了办公室（其实也没多远，就离我们的出发点二三十米左右，呵呵，就是绕了一大圈）。办公室的阿姨听我们说明来意后，当即答应了我们的要求，并叫来了他们的技术员，原准备碰壁的我们终于松了一口气（敢情大钟寺的人都很热情啊）。

负责技术的叔叔也很和善，二话没说，帮我们填了参数表。感谢之后，我们想让他顺便接受一下访谈，没想到他竟也应允了，说真的，当时我们真有一种受宠若惊的感觉。访谈中，我只提了一个问题，但叔叔竟把我想问但还没问的问题都回答了，让我好生佩服。访谈结束了，我们的此次活动也接近了尾声。叔叔把我们送至门外，和我们一一道别，让我们好不感动。

原来有这么多铁钟

我们召集其他几个人，示意大功告成，又回去取了问卷，并向老人道谢后，便匆匆离开了这个给了我们太多惊喜和感动的地方。当然，期间我们也未忘了观摩一下世界钟王——永乐大钟。由于它和我们的主题关系不大，就不再细说了。

此次大钟寺之旅，给了我们太多的感慨。初次大胆地与交际圈以外的人打交道，得到的不是冷眼，而是热心的帮助，其中的激动和喜悦就不多说了。我觉得，只要对自己有信心，就能大胆地去做某件事。而畏首畏尾将一事无成。并不是每个陌生人都冷漠无情的，只要你大胆真诚地向他们求助，总有一些热心肠的人会向你伸出援助之手的。

陆游在《冬夜读书示子聿》中写道：

“古人学问无遗力，少壮工夫老始成。纸上得来终觉浅，绝知此事要躬行。”

当我们在学校里把书本越读越薄时，我们以为自己已经离成功不远了，就要创造出属于自己的一片天空了。然而，当我们真正踏出了校园，没有了这个严密的保护屏，才发现一切是那么的任重而道远。同时，实践中获得的真实感受，将给每个人一次心理的提升，对社会的认知也更加理性，对自己以后的发展起到一定的指导作用。

本手记是我团实践成果中的一部分，在汇编大家的文章时，我们不时为同学们的真情所感动，他们不计任何报酬，自己出资开展实践，深入群众，了解民意，尽管到处碰壁，困难重重，可是我们的同学仍然不畏艰难，把它作为锻炼自己的一个好机会，只要有一丝希望就会尽万分努力。

好大的钟，怪不得叫大钟寺

同学们在实践中充分显示了我们北科大学生积极参与社会、奉献社会的美好愿望。一篇篇文章处处流露出对这次实践活动的怀念、对古老文明的慨叹、对同学间真情的感动和初次步入社会的感悟。这次实践活动也使我们认识到自身知识的浅薄，不少同学开始反省自己的大学生活，从内心里感谢这次实践活动，这是一个很好的现象，说明我们的实践活动起了很好的作用，但愿这次实践活动能在他们的一生中产生积极的影响。实践的调研数据是一批珍贵的资料，这篇手记记录的也是一些美好的回忆，但愿能引起广大同学们感情上的共鸣，大家一起加入到社会实践中来，不光关注铁质文物的命运，而且关注更多与我们息息相关的问题，让我们在假期走出校门，亲身体验社会生活的酸甜苦辣，为社会贡献出我们大学生的一点微薄之力……

## 行程小结

□ 06级材料　聂品旭

我们团队在实践开始之前决定分头调研，不同的人去不同的地点。在此之前要先查清楚关于要调研大型铁器的一些资料，有个大致了解，做到心中有数。待一切准备好，先后去了故宫、军事博物馆等地方，找到了明清铁炮、铁缸，还有古钟。每到一处，我们都对那里的大型铁器做了细致的测量和观察，并拍下了很多有价值的照片。其中故宫铁缸是意外的发现，原本我们的目标是故宫端门的铁炮，这些有价值的铁缸给了我们意外的惊喜，由此可见铁器在我们的生活中无处不在。

故宫铁缸

实践队员在长城合影

第一次参与实践的我们对如何开展实践以及实践后期的总结、宣传工作没有足够的认识和了解，致使实践过程中遇到不少麻烦，但也就是因为这些麻烦使我们在实践过程中得到了成长，积累了宝贵的经验。活动中我们得到了冶金与材料史研究所、学校领导、文物保护单位的大力支持，尤其是文物单位的配合是本次实践顺利进行的关键因素；同时由于是校级组团，成员分散在全国进行调查，实践数据具有广泛的代表性和针对性，因此实践成果丰硕。通过冶金与材料研究所的后期研究真正把我们的实践内容转化为成果，希望这能为我国钢铁文化的研究和发展贡献我们微薄的力量。

## 铁器，让我欢喜，让我忧

□ 06 级材料　徐　磊

德胜门铁炮

通过这次暑期的室外大型铁器调研，使我对祖国的钢铁文化有了更加深刻的认识。在很早的时候，我们充满智慧的祖先就已经掌握了很先进的冶炼技术，将铁器应用于农业、日常生活、军事等各个领域，并留下了很多工艺精湛的杰作。这些数量庞大的铁器物件，使我们惊喜，也值得我们每个炎黄子孙为之自豪。我们有义务，也有责任将这些杰作发掘出来，向世人展示；我们有义务，也有责任将这些杰作妥善保护，以流传于后世。

在暑期外出实地考察调研学习并与管理人员交流后，我经过反复深刻的思考，对在实践中发现的问题一一陈述如下：

对铁器及其相关资料的发掘收集工作没有做到系统化、长期化、全民化。

铁器及其相关资料的发掘收集是一项繁琐的工作，也是一项永远无法完成的工作，因为我们的祖先在漫长的岁月中给我们留下了无数的已知的和未知的铁器，我们所能做的是尽量多的收集，尽量多的发掘。所以，没

八大处香界寺铁缸

有一套完整的、有条理的、操作性强的发掘收集方案，没有将这套方案定性为持久化、长期化，没有全国各地民众的参与，这项工作就无法高效率、高质量的开展。同时，发掘收集工作的系统化有利于监控今后这些铁器的去向，以加强保护。长期化，全民化，实际是相关联的，如果能实现全民化，使这项工作深入民心，就能形成长期关注。我觉得北京科技大学在这方面做得就相当出色，校方发动在校学生参与铁器的发掘收集，将接受教育与奉献社会相结合。但我个人觉得校方应将这项工作推广到全社会，而不仅仅是局限在小小的校园，以增强影响力，争取更大的成果。

我对铁器保护工作的一点看法：我在实践中发现所有的铁器都有锈蚀的迹象。年代已久，无法避免锈蚀是一个原因，而保护工作的疏忽也是一个重要原因。有的地方一点保护意识也没有，如八大处公园灵光寺内的四口明清时代的铁缸，被放在角落里，缸中盛满了水。树立、增强保护意识也是我们面临的一个亟待解决的问题。铁器是很容易锈蚀的，而我们的铁器保护工作缺乏专业的文物保护专家的引导。

八大处灵光寺铁缸

铁器保护工作的“经济收益与保护支出”相矛盾的问题。我发现我们调查的铁器都在博物馆和旅游景点，如德胜门城楼上的铁炮，八大处公园内的铁缸、铁钟，军事博物馆门前的铁炮等等。这些铁器除了向游人展示中国悠久的钢铁文化，增强爱国教育；另一个很实用的作用恐怕是

八大处香界寺钟楼

吸引游客，增加经济收益。按理说，这种做法也没什么不当之处，可是这样日积月累的后果是什么？是对这些铁器无形的、不可挽回的彻底毁坏。其实，有些存放有铁器的单位也考虑过这一点，可是由于保护这些铁器需要的费用太高或者技术支持不够，无法实现收益与保护双赢。于是乎，既然没有能力保护，就拿来增加经济收益了。

其实，我认为这些问题的根源在于铁器的发掘收集工作缺少政府的大力扶助支持。任何一个个人或企事业单位都不可能担负得起这项工作所需的财力、物力、人力等方面的支出。同时，我也认为通过政府开展这项工作有其便利之处。

政府可以号召各大媒体使广大公民了解中国钢铁文化，扩大对铁器发掘收集工作的宣传力度，增强宣传的深度与广度，通过舆论造势，来提高广大公民对此项工作的关注，使其深入民心，进而发动广大公民，对铁器进行更大范围的收集。

八大处香界寺钟楼铁钟

政府可以督促相关文物部门积极地、有效地开展工作。利用全国各地的相关文物部门建立铁器发掘收集网，详细记录各地的铁器信息，并备案、汇总，对铁器进行系统全面的管理，并对铁器的移交、买卖等进行监控。

政府可以通过教育部门加大对相关专

故宫端门内铁炮

业人才的培养，使铁器的保护工作专业化。

政府可以加大相关法律政策的执行力度或出台相关法律条例，对破坏铁器或铁器保护不善的个人和单位追究责任。

通过政府的大力扶助支持，可以引起全社会对这项工作的关注。铁器及其相关资料的发掘收集工作需要政府和全体公民的共同协作，缺少任何一方面的协作都无法使这项工作正常、持续、高效、高质量的开展。

的确，中国的钢铁文化源远流长，这是我们很值得为之自豪的。然而，如果不能很好地保护这些铁器，等这些铁器在人们面前腐蚀、毁坏殆尽，我们该拿什么教育我们的后人让他们感知祖国的钢铁历史，我们又拿什么向全世界人民展示中国悠久的钢铁文化？

我曾经听过这样一个故事，一位记者问一位政坛奇才："如果有一天你身处一个无人的荒岛，你要做的第一件事是什么？"这位奇才说："我要垦荒，为自己创造生存的空间。"同样，在一个钢铁文化悠久但不是特别被人了解的年代，我们要做的是为钢铁文化"垦荒"，为古代铁器创造"生存"的空间，为我们的后人树立榜样，让钢铁文化与古代铁器从我们手中代代相传，别让这片"橄榄枝"滑落。

长城"神威大将军"铁炮

中华民族是一个优秀的民族，我们的先人创造了那么璀璨、那么令人惊羡的钢铁文化，我坚信后人一定会将它们保护好，做到脉脉相传。

# 行程手记

□ 06级机械　汪浩鹏

这次由北京科技大学校团委发起的“关于古代大型铁器调研实践活动”，我们机械0602班组成的9人团从2007年7月19日开始到7月27日，总共持续了9天，历经辛苦，认真完成了此次实践活动。

首都博物馆铁甲胄

首都博物馆

我们去过箭楼、钟楼、鼓楼、北海公园、大钟寺、明城墙文物管理所、京奉铁路遗址、首都博物馆、香山公园、碧云寺、元大都遗址公园，在这些地方，我们每次调研之前都会与该部门的管理人员交流，并道明来意，希望他们能够配合，很多管理人员都积极地与我们配合，并协助我们完成实践，这令我们十分感动。但也存在一些人，不把我们的实践活动真正当作一回事，而没有给过实际的帮助，对于这些人，我们都以一颗平常心对待。

# 陕　西

准备出发了

陕西省是我国的文物大省，在此次活动的策划阶段，我们就已经充分认识到陕西省的重要性和独特性，因此陕西省毋庸置疑是我们工作的重点对象之一。我们先后在2007年和2008年夏天派出2个分团共15人次的实践队伍对陕西省进行调查。

正是因为陕西省的重要性，我们的实践队员在出发前就做好了充分的论证和准备，并且在到达当地后，立刻与当地文物管理部门和相关机构取得联系，在陕西省文物局、陕西省考古所和西安市文物局等文物行政机构的大力帮助下，他们先后在西安、咸阳、宝鸡、富平等多个地点进行调查，在陕西历史博物馆、秦陵兵马俑、西安博物院、大雁塔、小雁塔、华清池、华山、碑林博物馆、广仁寺等一大批文物保护单位留下了足迹，并得到了丰富的测量数据和图片，为我们今后的科研工作积累了第一手资料。

在短短的几天行程里，来自五湖四海的实践队员们结下了深厚的友谊。调查时正值酷暑，队员们相互帮助，总是挑最苦最累的活给自己干；同时每到一处，他们都礼貌待人、热心帮助需要帮助的人，赢得了当地人的普遍赞誉，为北京科技大学增光添彩。

回到学校后，他们积极转化实践成果，以实践报告的形式汇报了他们的实践工作，也为我们今后开展相关工作奠定了一定的基础。

# 实践日记

□ 06 级冶金　杨朝傑

➢ **2007 年 7 月 27 日**

按照已经确定的分工查阅资料，确定实践地点，以及上网查询需要资料，获得相关单位的有效联系方式。做出具体的、可行的实践安排。此时同学们仍然在 C 语言上机实习，大家利用自己调试程序的空余时间，分别负责上网、打电话联系或查询。而我本人身为西安当地人，而且是团队负责人，负责安排好大家的住处。看着每一个队员忙碌的样子，我这个负责人也感到身上的担子轻了，心里的自信强了。相信几天后的西安之行，必定能让我们每个人得到很多东西，有汗水，有欢笑，有收获，更有一份坚定的友谊深深地种在每一个人心里。

➢ **2007 年 7 月 28 日**

确认已取得联系的相关单位的支持，根据校团委给出的和我们在网上查询到的铁器存放地点，集体讨论实践时的详细行程安排。在这个过程中，我们经过大家共同的讨论，放弃了原计划中的半坡文化遗址等一些年代过于久远，不会有铁器出现的古文物存放地点。由于我们大家都希望利用这次机会更多地做一些实地调查，因此又增加了一些有铁器存放的，或是可能有铁器存放的实践地点，例如太白山景区，周边城市的博物馆等等。

➢ **2007 年 7 月 29 日**

今天我们的 C 语言上机实验已经结束，大家都在忙碌地收拾行装准备出发。当大家都提着大包小包地坐在火车上时，我看到每个人的脸上，都充满了对西安这个古都的向往与第一次和大学同学出远门的兴奋。看来这次西安之旅，注定充满欢声笑语，不管我们的调查工作有多累，我们都知道这将是一次难忘的旅程。

## ➢ 2007年7月30日

列车在进入河南省时遭遇到暴雨，整整晚点了7个小时，其中大部分时间都停着无法前行，但大家的兴致丝毫未减。大部分同学没有坐过硬座，经过一夜的颠簸，虽然双眼都有了血丝，但是心中的激动之情仍然让我们有说有笑，整个车厢要数我们这里最热闹，这也鼓舞了因晚点而精神疲惫的乘客，在他们问我们来自哪个大学时，我们自豪地说："北京科技大学！"一场暴雨稍微打乱了我们的计划，下车后，我们来到鼓楼，这里有许多享誉国内外的陕西名吃，正好让大家饱饱地吃上一顿。听到大家的赞美之声，我这个西安人开心地笑了。

在晚饭后，我们来到住处。经过一番休息，开始计划以后的行程。看到大家兴致仍然高涨，我们便集体来到了西安有名的城墙，这里有着明代在遭到攻击时用来示警的铁钟四口，由于管理人员已下班，我们决定改日再来了解详细资料。骑车在长达14公里的城墙上观赏西安这个笼罩着美丽光环的城市，她的美丽打动了我们每一个人。

## ➢ 2007年7月31日

今天可以说是实践中收获最多的一天，我们分为两组分别前往西安市文物局和陕西省文物局与相关工作人员进行接洽，受到了他们热情的接待，并经推荐前往陕西省考古所和西安市博物院。在那儿，我们找到了一尊唐代铁佛像，同时专家们给我们提供的指导对实践调查工作也起到了很大的帮助。我们文明礼貌的待人态度和得体的语言，得到他们的认可，各个单位都

唐代大铁佛

尽自己最大努力帮助我们，为实践的顺利开展提供了前提条件。并且在对当地的居民进行调查时，我们同样尊重他人，在他们的热情帮助下，我们在西安的生活安全问题得到了保障，为我们社会实践的开展奠定了基础。我们这些从小就没有怎么接触社会的学生，摸索着获得了很多工作时与人相处、交往的经验。相信这对我们每一个人，都是一份难得的收获。

➢ **2007年8月1日**

今天我们来到了西安小雁塔，这里有我们本次实践需要调查的主要项目之一——雁塔晨钟。在这里我们还发现其他几口古代用于报时的铁钟，还有一种大型容器铁海，以及一些发现时间很早的汉代铁制农具，单位相关人员还一一向我们介绍库存铁制文物的用途，让我们体会到了古代中华人民的智慧结晶，他们用自己的勤劳智慧创造了我们华夏文明几千年的辉煌。

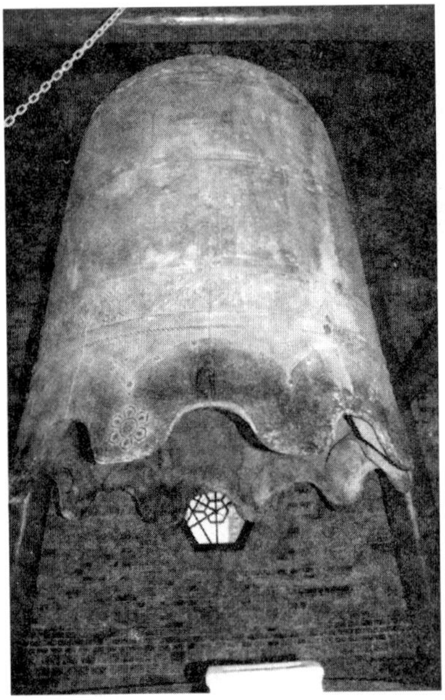

雁塔晨钟

盛水的大铁海

接着我们又去了陕西历史博物馆，了解了很多西安的历史。

## ➢ 2007年8月2日

来到了西安，就不能不看中国第一位皇帝创造的第八大世界奇迹——兵马俑。我们经过三个小时的车程，来到了这片凝聚了太多历史的土地。兵马俑一共三个俑坑，我们首先看到的，就是名扬海内外的大型铜车马，以及陪葬的各种精美器具。其次，就是气势恢宏的兵马俑坑了，这里林立着一座座各不相同的陶俑，他们仿佛在向我们讲述着什么。数千年来凝聚的历史的厚重气息压在我们的肩头，每一个人都被震撼了。虽然并没有什么大型铁器，但我们发现了一些铁质工具和兵器。

之后我们又来到了华清池，众多历史名人曾经在这里居住，从古至今，这里一直是一个没有被人意识到的政治中心。遗憾的是，我们没有在这里发现室外大型铁器。

## ➢ 2007年8月3日

今天我们离开西安市，来到周边的城市对仍然保存着的室外大型铁器进行实地考察，其中就包括另一个重要的目标——千佛铁塔。精妙绝伦的铸铁工艺再一次让我们对我国古代的铸铁技术有了一个认识。另外令我们震撼的是，这样一个全国最高的铁塔，竟然只是一个宦官出资修建的，可见明朝政府之腐败。之后我们又去了咸阳市博物馆了解中国另一古都的历史文化。

巍巍千佛塔

## ➢ 2007年8月4日

由于我们团队人员较多，我们出发前就决定分头对铁器文物进行调查。今天我们分成了两组，一组离开西安市，到宝鸡市境内的太白山，寻访在这里存放的百余尊铁佛像，并对其进行拍照记录及资料调查。因太白山海拔3000米以上，想要攀登需要宿营，考虑到存在的安全隐患，我们只能四处采访搜集资料。

另一组人继续留在西安市内，分别前往大兴善寺、大雁塔。在大雁塔我们发现了一口铁钟，立即对其进行实地调查并记录资料。

到了太白山后，在与一位已退休的老书记的谈话中我们意外地发现这里不但有我们要找的铁佛、铁碑，还有铁瓦。用铁瓦的古建筑是不多见的，这里出现了铁瓦正是由于其地理位置的独特。

➢ **2007年8月5日**

今天我们登访了五岳之最险——西岳华山，感受了一份来自大自然的刺激。

华山之巅

➢ **2007年8月6日**

今天我们仍然兵分两路，分别来到青龙寺、碑林博物馆和广仁寺、卧龙寺。在这里我们见到了许多其他类别的文物，虽然没有为我们增加大型铁器文物的资料，但我们还是看到了很多宝贵的文物，其中就包括大名鼎鼎的景云钟（铜制）。

➢ **2007 年 8 月 7 日**

今天我们调查重访了部分单位，对调研不清楚的地方进行专业方面的有关咨询，完善我们的调查表。

➢ **2007 年 8 月 8 日**

今天的大部分时间我们都在室内对几天来获得的大量资料进行整理，淘汰多余的，将剩下的分类管理，填写调查表。

➢ **2007 年 8 月 9 日**

在第一个接待我们的单位进行认证，大家分别乘车离开西安。

## 寻经铁佛寺

□ 06 级物理　雷佳良、贺王强

我们的实践地点是陕西省富平县铁佛寺，调查对象是富平金代铁佛。富平金代铁佛位于富平县西北 20 公里的觅子乡南张村。金代铁佛属于金代创建的铁佛寺遗物，由于寺院屡建屡毁，仅留此佛，保存比较完好。1992 年 4 月 20 日，铁佛寺被列入陕西省第三批重点文物保护单位。

陕西富平铁佛寺金代铁佛

（佛像身上是照明电线及灯口）

经过长时间的路途我们终于来到了期盼已久的富平。经过一路的打听，我们下午到达了 20 公里开外的铁佛寺村，我们打听到了佛像管理员的住处，便来到了这户人家。一位老奶奶出来迎接我们，然后邀请我们在她家吃饭，我们听着老奶奶诉说的他们家的故事，现在就剩他们两口子了，唯一的儿子也去广州打工了，生活靠自立，还有就是那座铁佛。老奶奶告诉我们，那铁佛每个月也只有那么几个人来参观，政府也没有多少补给，所以铁佛也在逐年消退。那铁佛在村子外面不远，我们见天色已晚，老奶奶也很热情，所以我们就在那里住下了。

我们来到了铁佛寺，但铁佛寺其实并不是真正的寺庙。它由一座大院围起来，里面已经是杂草丛生，大部分可用的地方已经被占去种地用了，铁佛在一座不高的房子中矗立着。我从不同的角度拍摄了实物照，种种迹象也表明了铁佛正渐渐地走向衰落。

经过实践前的培训，我们基本上掌握了测量、记录、问卷等等研究方法，经过几天的考察，我们依依不舍地离开了。

# 河　南

河南地处中原腹地，拥有悠久的历史和丰富的文化遗产，文献上留下的关于大型铁质文物的记载也较多，因此河南省的调查是课题的重要组成部分。2007年和2008年夏天我们共派出3个分团共计20人的调查队伍对河南的相关地区进行了调查。

实践队员们先后调查了郑州、洛阳、开封、南阳、驻马店等地的大型铁质文物，在嵩山少林寺、开封铁塔、社旗山陕会馆等重要的文物保护单位进行了详细的调查。每到一处他们都对发现的铁质文物进行测量和拍照，并积极向当地文物管理部门联系争取获得相关信息，为我们了解河南的大型铁质文物提供了第一手的素材。

# 团队行程手记

□ 05 级机械　杨建超

7 月 25、26 日两天，我们具体讨论了调查期间所要调查的地点、路线、食宿、乘车等问题，经过商讨，我们决定调查以下地点：登封少林寺铁钟、汝州风穴寺铁钟、姑嫂寺铁佛殿、王梦寺后殿等，并从团委拿到了许多调查期间可能用到的文件和说明。

7 月 26 日下午四点，我们登上了开往河南的 K279 次列车。

经过一夜的车程，我们在第二天早上七点左右到达了恒阳的家乡——宝丰县县城，简单地吃过早饭后，我们一起去了恒阳家，恒阳爸妈很热情地招待了我们。下午我们一起在附近找招待所，经过几番周折，终于找到了一个既舒服又便宜的住所。因为火车上一个晚上基本上都没有睡觉，简单地收拾之后，我们都躺下开始睡觉了。

7 月 28 日，调研正式开始，第一天我们去了佛泉寺。

快到佛泉寺时，一尊大佛出现在眼前……我们的心情也随之兴奋起来，迫不及待想来到大佛面前。

不一会儿，我们来到了佛泉寺门前，我们向景区管理人员说明了来意，他们也很热情，给我们简单地介绍了一下佛泉寺的过去。

佛泉寺为历史上的著名寺院，始建于唐玄宗开元年间，原名凌云寺，一行大师曾多次到此讲经说法，深受当地信士拥戴。因寺前温泉能治百病，当地人争相沐浴，并将温泉逐渐传言为佛祖所赐，久而久之，凌云寺就成为了佛泉寺。

佛泉寺兴于唐，盛于宋，后几经兴废。特别是抗日战争时期，国民党汤恩伯十三军军部在上汤驻扎，将寺院全部拆毁，所拆材料用于修建营房和浴池，记载佛泉寺历史的所有石刻全部沉于浴池中。

寺院虽然被拆，但当地人信佛之心并没有泯灭。不久，寺院又复建起来，规模虽然不及原来，但殿堂房舍仍有四十余间，至解放初期，仍有二十间存在。“文革”期间，房屋大部分被破坏。

2000年，佛教信士捐资数百万元，对佛泉寺进行了修复。修复后的寺院依山势而建，占地50亩，建筑面积2380平方米。设计为五进院落，呈步步登高之势。登高远望，寺院及其附属建筑浑然一体，遥相呼应，规模宏大令人叹为观止。

管理人员特地找了一个这方面的专家陪同我们调查，我们首先去了世界第一大钟“吉祥钟”。

吉祥钟重116吨，高8.108米，最大钟径5.118米，是世界上最大的钟，获得了世界吉尼斯纪录认证证书。大钟是由一次浇铸完成，专家鉴定：表面质量良好，文字和纹饰清晰，几何尺寸匀称，成分准确合理，音色淳厚，尾音悠长，具有震撼力。吉祥钟继承了民族传统，又体现了时代特色，具有丰富的文化内涵。钟的上部有背负火珠的双龙蒲牢，肩部有36瓣宝装莲花瓣，正背面均书“吉祥钟”三个大字。侧面用钟鼎文书双联：左面是“纳福增辉风调雨顺”，右面是“万年永保国泰民安”。钟上部绘“金龙戏珠”、“丹凤朝阳”、“祥鹤起舞”、“瑞麟腾云”四幅吉祥图案，腰饰56个如意图案，象征我国56个民族和睦团结共享吉祥。钟裙部位铸出了山水祥云太阳，象征祖国的壮美山河，祝福我们的社会主义建设事业奔腾向前，永不止息。

好大的吉祥钟

7月29日，开始去登封，前往嵩山少林寺进行调查，预期调查两天。

少林寺是我国久负盛名的佛教寺院，声誉显赫的禅宗祖庭，少林功夫的发祥地，位于登封市西12公里处的嵩山五乳峰下，是嵩山风景区的主要核心景区之一。

少林寺建于北魏太和十九年（公元495年），是孝文帝为安顿印度高僧

少林寺门前合影

跛陀而建，因其建于嵩山少室密林之中，故定名“少林寺”。北魏孝昌三年（公元527年），印度高僧菩提达摩来到少林，在少室山五乳峰一天然石洞面壁九年，首传禅宗。至此，少林被称为“禅宗祖庭”。唐初，少林寺志坚、昙宗等十三棍僧，在秦王李世民讨伐王世充的征战中，立下汗马功劳，得到了李唐统治者的赞誉和封赏。在此期间，由于朝廷的大力支持，少林寺发展极快，博得了“天下第一名刹”的美称，少林功夫也从此美名远扬，明代达到鼎盛。民国时期，军阀石友三放火烧毁了少林寺的大部分建筑，千年基业毁于一旦。新中国成立后，在党和国家的关心支持下，少林寺雄风重振，特别是1982年一部《少林寺》电影，使少林寺、少林功夫风靡世界，成为河南乃至世界的一个顶级旅游产品。

两天时间很快就过去了，我们也不得不赶往下一个调查地点——风穴寺，在风穴寺也要调查两天。在当地有这样的说法：在河南省汝州市东北9公里的嵩山少室南麓，有一座千年古刹，它南望汝水、北靠玉皇、东依龙山、西偎黄鹿，万柏葱茏、清泉侧流、宝塔高耸、殿阁巍峨，这就是风光如画，久享盛名的河南省四大名寺之一——风穴寺。

少林寺内大铁缸

据《风穴寺志略》载，该寺创建于北魏，距今一千五百余年。魏时称“香积寺”，隋代为“千峰寺”，唐朝名“白云寺”，俗称“风穴寺”。寺院随着时代

风穴寺合影

的沧桑，时盛时衰。鼎盛时期为明代万历年间，曾拥有僧侣千余人，寺产土地两千余亩，禅舍殿堂三百五十多间。

风穴寺院占地二百五十多亩，现存殿阁房舍一百四十余间。内有六大珍品，即唐代“七组塔”，宋代大铁钟，金代中佛殿，元代罗汉殿，明代毗卢殿及汉白玉石佛。它们都具有较高的历史和科学艺术价值，是河南省保存完整的古建筑群。

我们在风穴寺也得到了很好的招待，我们找到了一个风穴寺研究的专家，他给我们讲解了很多关于风穴寺的历史文化，通过了解，我们知道风穴寺现在处于半开放阶段，因为寺内的文物大部分都出现在古代，现在有很多都因为环境、人为原因等遭到不同程度的破坏，为了更好地保护现存的文物，并更有利于考古研究，才没有完全的开放。这位专家还送给了我们一本很珍贵的书《风穴寺文史荟萃》，这本书由中州古籍出版社于 1991 年 8 月出版，现在早已停版，仅

风穴寺铁钟内部

存 20 余本，相信这本书会对风穴寺的人文、历史、文化等各个方面进行很详细的说明讲解。

两天时间转瞬即逝，我们回到宝丰休息整顿。晚上不知不觉中下起了大雨，第二天也一直淅淅沥沥，本来准备的汝阳之行，也只能被耽搁，无奈之下，我们决定第二天再去。第二天雨终于停了，但是天气预报说最近由于连续下雨，造成山体土质疏松，很容易发生山体滑坡，而汝阳的几个调查地点正好在山群之中，为了保证安全，我们决定放弃调研，不得不带着遗憾踏上了返回的征程。8 月 3 日晚上坐上火车，第二天中午回到了北京。

我们利用 8 月 5、6 日两天对调研成果进行了总结、规整。就这样，我们的钢铁文化调研活动河南之行到此也画上了一个句号。

# 湖　南

“野火之乡，霸蛮之邦”，湖南确实是一块充满着原始的生命活力的地方，自岳麓书院朱张会讲以来，历代经帮济世的大人物多从这个地方走出，原始生命的冲劲和文化气息的浓厚，像阴阳二气一样交替涤荡着到湖南调查铁质文物的科大学子，尽管唐治、金小鹏、刘方都是以湖南“土著”的身份去调研的，但是被湖湘文化浸染过的铁质文物还是让他们大吃一惊。他们调查了常德乾明寺铁经幢、岳阳楼及周围的铁器、衡山县南岳大庙大铁盆等铁质文物。整个调查过程比较艰苦，但是调查过程颇为细致，不但看到了铁质文物本身，还走访了当地的老人和研究人员，对铁质文物的一些传说都有了深入的理解。调查前后查阅的资料十分翔实，为进一步整理调查资料以及对调查资料进行深入挖掘，都做了充分准备。

# 行程手记

□ 06级机械　黄　鹏

通过上网查阅资料，我了解了常德乾明寺的情况，可让我失望的是没有找到那个铁经幢的相关资料，这让我无法理解，进而对实践也觉得十分的困难，但我还是决定明天早上乘车前往乾明寺察探个虚实。第二天一早，我便踏上了前往乾明寺的路程，经过一个多小时的乘车后，我到达了德山乾明寺，其宏伟的建筑给了我深刻的印象。

走进寺内搜寻那座具有悠久历史的铁经幢，经过了一个多小时走遍了整个寺院始终没发现那个铁器遗址，寺内遗留下的只有几处碑帖像。后来通过与工作人员的谈论，终于让我得知了铁经幢的下落——铁经幢在1979年迁到了常德市滨湖公园的湖心岛上。这个消息对我来说真的是太好了，我的心终于能放下了。

由于当时天色已晚，我在第二天又去滨湖公园进行调查，自己的努力没有白费，终于收获了劳动成果。

湖心岛上铁经幢

# 铁枷难觅

□ 05级机械　刘　方

经过16个小时的漫长旅行，终于回到了自己朝思暮想的家乡，家乡变化了不少，但它始终是我心中念想、热爱的家乡。经过一夜的睡眠后，旅行的疲劳一散而尽。我做了一个大致的规划，确定了实践流程，准备好了实践所需的工具和材料，对实践中可能出现的问题作了分析。

我面对的第一个问题就是要确定调研对象的具体方位，因为学校提供的信息不是很全，今天星期六，到文物局去询问也不可能，只有根据团委提供的信息，走一步，算一步。吃过中饭，顾不上天气的炎热，我朝岳阳楼方向出发了，这时，我又得到一条信息，岳阳楼区在进行古街扩建工程，道路正在重修，道路被封锁，只有步行。空荡荡的，柏油路都冒烟了，脸上很烫，衣服湿了，事后才发现自己晒黑了不少。半个小时的路程，足足喝了五瓶水，很累，真的很累。一路上询问了许多人，但所知者寥寥无几。

最后终于遇到了一位了解情况的老人家，但他的回答却让我倒吸了一口凉气，他说："在岳阳城楼下的湖底确实是有三个大型的铁枷，具体制作年代不详，疑为晋代，它的用途也是众说纷纭，有的说是用来稳定岳阳楼基，有的说是古代官府用来竖旗杆，也有的说是用来封锁湖面时用来系铁链的铁锁，更有人说是用来镇湖怪。"他还给我讲了一个吕洞宾镇蛟龙的传说，讲得绘声绘色。老人家还说到因为身在湖底，每年退水时节，铁枷会从湖底露出来，但在涨水季节，洪水会淹没铁枷。而此时正是涨水季节，根本看不到铁枷。这个消息对我无疑是迎头一棒，把我给打懵了。这难道就是我这次调研的结果，我就将这个结果交给学校？天快黑了，我独自一人在路上走着，头脑非常混乱，心里很难受。天黑了，这次调查也似乎落幕了。

接下来的几天里，我情绪低落，精神萎靡，饭量也少了不少，对自己

铁枷，我终于找到你了

当初的选择有点后悔，这个结果我无法交差，再想想自己当初是如何信誓旦旦，真的难受极了。这时，在市文物局的哥哥给我打了一个电话，他说有一个铁枷放在岳阳楼公园内，我可以过去看看，听到这个消息之后，愁云密布忽然变成晴空万里。我又一次来到了岳阳楼，那天下着毛毛雨，在导游小姐的指引下，我顺利找到了它，调研做得十分成功。

在调研过程中还有一个意外的惊喜：我还发现了一门清代的铁炮。这可使我开心不已，对岳阳铁炮的调研工作正式开始，此铁炮长约 1.42 米，口径约为 0.08 米，铁炮外观为圆锥形尾端粗，头部细，在铁炮中部有一突出的部位，用于安放引线，在铁炮的尾部有一突出的尾座。

历史文献上一些有关岳阳铁炮的记载：清朝成立后不久，云南王吴三桂发动叛乱，并且很快占领了岳州，此时吴三桂派其部将吴应麟镇守，与清军作战，吴应麟铸造了大量的铁炮，于是便有了这样的史志记载：“踞

清代铁炮

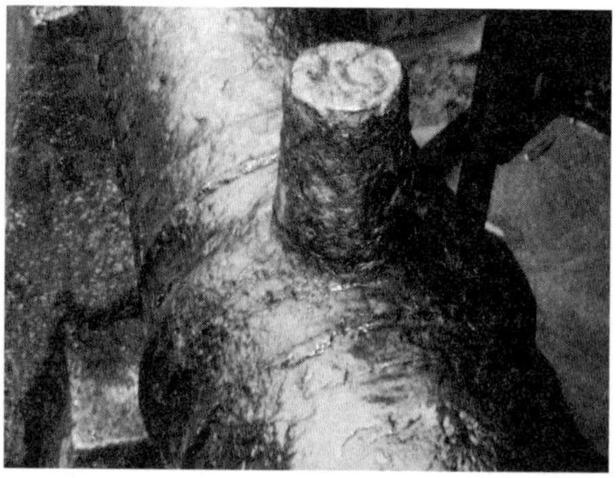

局部照中可以清晰地看到铁炮上用于安放引线的凸出部位

直径约为 10 厘米，用于放引线的导线孔已经被堵塞

金鹗山筑垒穿濠，自山下绕城北九龙堤周二十里许。”（《巴陵县志》）从中不难看出当时交战的规模，吴应麟败了，清军获胜，铁炮被历史埋葬了。1958年以前，在金鹗山、九龙堤等处存有多门铁炮，而这门炮是20世纪80年代初从3517工厂内九龙堤出土，后来移置到岳阳楼北侧。

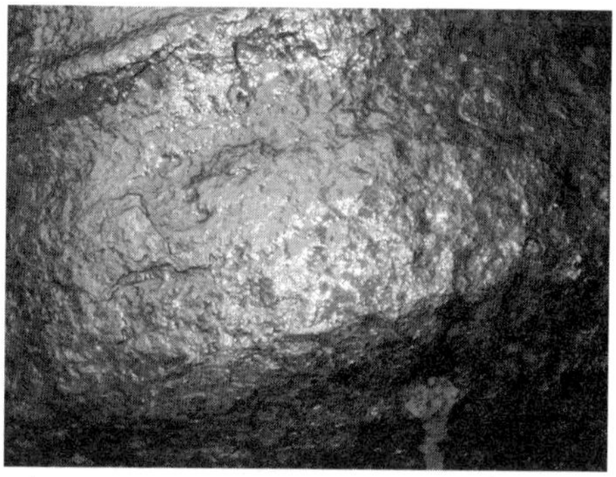

铁炮局部有轻微锈蚀，但情况不严重

忙里偷闲，借着这个机会，我登上了古代骚人词客挚爱的岳阳楼，远眺浩浩荡荡、惊涛拍岸的洞庭湖，仔细品味那脍炙人口的《岳阳楼记》，揣摩“不以物喜，不以己悲”，“先天下之忧而忧，后天下之乐而乐”诗句的意境。试问能读者数千，能做到的又有几个。接着，在哥哥的引荐下，我去咨询了几位岳阳通，并且详细查阅了岳阳的史志，一部与铁器有关的历史在我的头脑里开始呈现。

## 行程手记

□ 06级材料　唐　治

千僧锅

一到家，就听到一个不太好的消息——衡山地区（也就是我实践的主要地点）已经下了很多天的暴雨，有些地方洪水泛滥。当家人问及我实践期间的安全问题时，我直接给了他们一个自信的点头与微笑，几乎没有半点犹豫。我这次回来就是来实践的，这么一点小困难还能难倒我这个

“钢小伙”不成？于是，我还来不及和家人多打几声招呼，多说几句问候的话语，就开始准备社会实践所需的行李。

由于校团委那边没有给大铁盆的具体位置，其存放地址就提供了“衡山县南岳大庙大铁盆”十个字，但是我想既然是大铁盆，就一定很大，必然会放到显眼的位置。于是我也没有问人就开始自己寻找。经过一小时的苦苦追寻，我几乎把大庙的每个角落都转个遍，香炉、丹墀倒是很多，唯独那个大铁盆没有任何的蛛丝马迹，最后在南岳大庙里的道教博物馆前发现一个摆在很不起眼地方的破铁锅，里面还盛满了昨夜的雨水。难道我要调查的就是它？我心中除了一个大大的问号还有就是满腔的失望。这时有些茫然而不知所措的我便开始向路人询问，从大庙管理处到大庙文物处，从佛教文化博物馆到道教文化博物馆，几乎逢人就问，首先是自我介绍一番，然后说明来意，最后在道教文化博物馆的几位老者那儿有了线索……

当天雨下得很大，我在长沙待了那么多年，也很少见这么大的倾盆之雨。雨下得那么的大，有点让我不知所措，尽管出门时带了雨伞，但似乎还是很不管用。还没有走多远，脚就基本上湿透了，衣服就更不用说。

大雨磅礴的下午，我选择了默默离开，离开这个小城。记得刚来时我还是很讨厌这里到处是香火的味道，到处是庙宇。现在的我突然发现有点舍不得离开了，或许这里的每个角落都有我的脚印，又或许是这里宜人的风景深深地吸引着我，又或许是这里的人们是那么淳朴好客，又或许是……但最有可能的是我已经爱上了这座江南小城，爱她的风景，爱她的人，爱她的街道，爱她的人文。然而我必须得走，也许某一天，我已经无所事事不用我操心的时候，我要在这里买一间小屋，每天早上起来呼吸着新鲜的空气，每天看着来去匆匆烧香的游客，每天就这样悠闲地享受生活。

在火车上的那个晚上，我整晚都没有入睡，而是慢慢在体味实践的过程，回忆过去短短的半个多月的日子。在北京，我跑了国家图书馆位于文津街的北海分馆；在长沙，我去了湖南省博物馆、湖南省方志馆、湖南省文物处、湖南省气象局；在南岳，我到了南岳大庙、祝圣寺、南岳文物局、南岳

唐治在南岳庙前

佛教协会、南岳佛教文化博物馆、南岳道教文化博物馆、南岳文物管理处、南岳图书馆。我还拜访了唐未之老先生、涂明老先生、刘国强老先生、谭岳生老先生、释惟正法师，还有汤处长、韩主任、彭主任、康女士等人。他们有些人见了很多次，有些人也只与我有一面之交，不管是谁，对于我的到来都是十分的热情。每次对于他们的热情我都有些不知所措，满腔都是后悔，后悔没有带着纪念品而来。当然我也想出了补救的办法，就是对于留下合影的部分人员我将会回寄照片，和他们分享美好的回忆。

实践给我留下的记忆尽管有辛酸，但大多都是甜美。

## 调研感悟

□ 05 级经管　金晓鹏

岳阳楼铁炮

调研过后，我感慨万千，思绪错杂。我越来越觉得我这次所做的并不仅仅是一次调研，而是一次穿越时空的历史旅行，让我回到了过去，去听听他们那个时代的故事，这也使得这次实践的意义得到了升华。我这时才恍然大悟，在很长的一段时间里，我是为了简单的调研而进行调研，并没有认真地去分析这次实践的意义是什么，通过这次实践我能获得什么。现在，我终于明白，这并不是为了简单的调研，也不是为了一门铁炮而做的调研。我是为了解读它背后所隐藏的那一个个故事，那一段快被人们遗忘的历史而做的调研，我要仔细地去聆听它们，听它们背后的故事，从中感悟人生，比照自我，得到真正的价值。毕竟现在接触历史的人太少了，在我们当今社会上类似的现象也时有发生，我们匆匆忙忙走在繁忙的大街上或者挤在拥挤的汽车上做着连我们自己也不知道为什么要做的事情，却依旧马不停蹄；我们从来不会想到找一个安静的地方坐下来仔细想想自己所做的事情的意义价值，我们需要这样，生命需要方向。我要感谢这次实践，要感谢校团委，要感谢那些老专家及所有给予我帮助的人，还要感谢铁炮。通过这次实践，我前进的道路又少了不少障碍，它在我的内心里点燃了一盏灯，驱走了黑暗，带来了光明，现在我再也不会漫无目的地走在大路上，在做每件事前我会先仔细想想它的意义。做这次实践真的很累，但一切都值得。现在，梦中会经常跨越时空，回到铁炮那里，静静地坐在那里，想着什么……

# 浙　江

"水光潋滟晴方好，山色空蒙雨亦奇。欲把西湖比西子，淡妆浓抹总相宜。"苏东坡一首《饮湖上初晴后雨》，让人对杭州美景垂涎。但是盛夏的杭州天气不是"总相宜"的，2007年文法06级的余淼带领的赴浙江调查的实践团和2008年机械07级的盛建率领的实践团同样赶上"不到广寒冰雪窑，扇头能有几多风"的大热天。

他们调查了宁波市镇海海防遗址炮台、湖州铁佛寺的铁观音、杭州岳王庙的铁器文物的保存现状。调查过程中历经艰辛，但是好在"钢铁摇篮"里培育出来的"钢小伙"、"铁姑娘"有着钢铁般的意志，坚持完成了每一次调查。在调查的过程中，由于初到一个陌生的地方，遇到很多人际交往上的困难，但是他们以赤诚待人，微笑着面对一切，终于在衣食住行、调查研究方面都取得了当地人相应的支持。他们在对铁质文物本身进行调查的时候，认真观察了解了文物所处的环境，并且面向周边居民发放了一些问卷，从铁质文物保护的自然环境和人文环境两方面，采集了大量的资料，这些都体现了他们善于动脑思考，充分利用系统学原理识物想事的优良学术习惯。

# 浙江杭州和湖州铁器调研

□ 05级材料　李　霞

经历……

八月的杭州酷热难耐，什么叫挥汗如雨，什么叫自力更生，这短短的十来天，我们已经深刻地体会到了。有过刚开始对实践的兴奋好奇，有过出师不利找不到旅店时的焦急沮丧；有过同伴互帮互助时的安慰温馨，有过遭遇四处碰壁时的灰心郁闷；有过完成了一个景点调研时的成就感，有过被热情招待时的感动感激，有过人事不通的郁闷无奈，有过挫折，有过泪水，有过欢笑，有过喜悦。

不敢说这次实践取得了多么大的成就，但它在我的心中写下了重重的一笔。因为它让我看到了社会上的人事种种，温馨与现实，友好与苛严，辛酸苦辣，真切地感受到了一个真实的世界，一个近在咫尺却又感觉陌生的世界，一个美好但需要我们为之努力将她变得更美好的世界。

观音殿

锻炼……

这次的实践，我们是以老乡团的形式组团的。从刚开始的讨论策划，到为大家找旅馆，经历找不到旅馆的尴尬，又因旅店老板不顾我的预订居然将房间租出而使我们大家“无家可归”时，身为后勤的我对大家的愧疚，再到实践过程中遭遇文物局负责人开会而景点负责人不配合时大家群策群力，想尽办法去解决，还有一路上各种想象不到的困难……这一切都让我深刻地领悟到所谓“谋事在人”是多么的不容易啊！一件事从无到有要付出的心血与努力远远是所见结果的千万倍，难怪先贤都说过程远比结果重要。

观音铁像

感悟……

我，一个大学生，在面对社会这门课时要学的东西还有很多很多……

困难，可以说不知何时就会降临，可以说防不胜防，因此应变能力就相当重要了，我们一行六人可以说在曲曲折折中锻炼应变能力。在困难与挫折面前，坚持是必备的素质，团结是我们实践团前进的动力，相互信任与理解是一个团队、一个组织存在的基础。而与陌生人接触时，真诚，唯有真诚，是打破胆怯与不安的有力工具。经过这次实践，我深信：真诚可以融化别人脸上的冰霜！

收获……

黑黑的皮肤与额上止不住的汗水已经说明了我的收获，对于铁器的铸造、铁器的文化、我国璀璨的铸造工艺深入的了解，对于面对困难挫折的应变能力，对于身处团队所需的团结互助精神……

不言而喻，这次实践对我来说真是这个酷热之季的难忘回忆。

# 浙江杭州和宁波铁器调研

□ 06级文法　余　淼

8月9日，我和蒋铿、晶晶三人坐火车来到杭州。气温相当得高，我们到那儿已经是日照当头。由于到达杭州的地点不同，大家决定在订好的旅馆见面。然而，找寻了许久，也没有找到所谓的旅馆，打电话给旅馆业主，发现他们十分失信地把房间租给了别人。无奈之下，只得另想办法。大家忍着饥饿联系近处的旅馆，跋涉了近五个小时，终于在西湖边上一家青年旅行社入住了下来。此时，大家早已是一身的疲惫了，一切都安排妥当后，大家都很快地进入了梦乡。

第二天一早，大家就动身前往我们的第一站——浙江省文物局。由于是周五，刚好赶上了省内一个十分重要的文物方面的会议，文物科的负责人都不在，只有综合科的一位主管接待了我们。在我们表明了此行的目的之后，她表示十分支持，只是由于不是主管文物科，所以没有办法给我们更多的帮助。在对她表示谢意之后，我们回到了住处。出师不利，可是大家都有信心，即使没有文物局的帮助，我们也能实现既定的目标。

随后的几天，我们走访了雷峰塔、净慈寺、杭州市园林文物局、杭州市图书馆，期间也遇到过许多困难，但是我们都一一克服，同样也遇到许多好心人，他们不但支持我们的工作，而且对我们的活动大加赞赏：“你们大学生多做一些社会实践可以丰富许多人生经历呢，对你们将来的生活有很大的帮助！这样的实践做得

岳王庙秦桧跪像

好，也应该鼓励！”

14 天的实践说长不长，说短也不短。14 天，见证了大家的坚持不懈，见证了大家的知难而进，见证了大家彼此的友谊，见证了我们的成长。

作为团队的负责人，我明白了，很多时候，再努力一点点，坚持一点点，事情就会向着美好的一面发展。在这个团队中，不能缺少主心骨，她要随时掌握信息，随时了解大家的动态，随时提出有效的建议，因为在大家心里，她是中心，不能气馁，不能灰心丧气。但同时，在一个出色的团队中，也不能缺少大家齐心协力、勇敢向前、互相支持与帮助、凝聚在一起的团队精神。有了大家，一切才变得那么理所应当。

瓦瓦斯前镗炮

感谢这次社会实践，让我又迅速地成长。涉入到一个未知的领域，扩展了我的知识面；和那么多的人打交道，增加了我的胆识；认真地完成调研任务，提升了我的责任感；作为负责人，又一次锻炼了我的组织能力；和那么多朋友一起出行，增进了彼此的友谊。

我相信，通过此次的实践活动，让我接触了更多的东西，那些都将成为我宝贵的人生财富！我用心，我不虚此行！

# 天　津

2007年暑假，材料05级王佩鑫等8位同学结束北京的调研之后，又赶赴天津，调查了天津解放桥、大沽口炮台的铁炮、天津博物馆的鼓楼铁钟、塘沽区政府楼内的大沽口铁钟等几项重要的铁质文物。由于天津的这几项文物大都和中国近现代史有密切的关系，这些同学的近现代史涵养普遍不错，史实掌握丰赡，看到这些见证了近现代史的文物之后，大有恍若昨日，睹物思旧之感慨，整体报告中不仅仅体现了扎实的调查研究过程和翔实的史料佐证，更重要的是充塞于字里行间的国家民族情怀和以史为鉴面向未来之中国的远大志向。他们在调查中克服了诸多困难，得到了景点管理部门和文物保护单位的支持并出色地完成任务。

# 天津“钟王”调研总结

□ 05级材料　邓杨青

今年暑假我参加了学校组织的“中国钢铁文化”调研活动。在经历了两周的实践活动后，我收获颇丰。一路上我带着崇敬的心情，观察、检测那些离我们年代久远的前人的作品。伟大的钢铁大国，那些承载着中华民族之魂的作品，它们正在慢慢被历史腐蚀、风化。

铁质文物在人类文明史上具有重要的历史和科学价值，是古代历史、科学和技术的重要载体，对现在钢铁材料的研究也具有重要的参考价值。铁质文物保护综合研究可以增强文化遗产保护的科技创新能力。作为一个伟大的钢铁之国，中国在任何时期都拥有强大的钢铁冶金技术，但是近代中国在西方列强的强大火力之下摇摇欲坠，沉痛的历史始终煎熬着国人的心。作为历史见证的钢铁文物们在时间的流逝下开始被腐蚀、风化，变得残破不堪，是时候该保护它们了，我们拿起了相机把它们的现状公布出来，让所有人目睹一下岁月的无情和我国对铁质文物管理的无奈。

实践出发前我们确定了天津作为我们的实践地，然后选取了天津鼓楼大钟、天津解放桥、大沽口炮台铁炮和大沽铁钟作为调查对象，并制定了详细的调查日程。

经过一番准备，我们坐火车来到了天津。因为之前已经得知鼓楼大钟收藏在天津博物馆，于是我们一下火车便直接来到了天津博物馆。

收藏在天津博物馆的鼓楼大钟

鼓楼大钟整体上感觉已经被修缮过，但是钟体上的铭文已经看不清楚了。钟顶上有比较明显的腐蚀痕迹。鼓楼大钟直径 1.4 米，高 2.3 米，重约 1500 公斤，被誉为天津的“钟王”。钟体由铁铸成，铸工精细，造型古朴。钟体都是阳铸浮雕，钟钮铸成交尾双螭，片片鳞甲清晰可辨双螭的两个头和四只脚，连接着钟体，另四只脚互相抓攀，弓身欲吼。钟肩倒覆莲瓣二重，沿钟身周围分隔成八块长方形框格，上下两层。钟的腰部铸着云龙和折枝花卉连续纹样，作为装饰。钟口八个莲瓣的凹处，铸八卦图样。

当天下午我们坐车到了第二个调查对象，天津解放桥。解放桥位于天津火车站（东站）与解放北路之间的海河上，是 1923 至 1927 年建成的铁桥。桥长 96.7 米，桥面总宽 19.5 米，耗资 125 万两白银，是海河上造价最高的一座桥梁。

天津解放桥

这是一座可以开合的桥梁。当大轮船从桥下通过时，即用电力启动开合设备带动桥的梁架从中分开，分别以两端桥墩为轴心旋转上扬，桥的两墩中间即畅通无阻。待轮船通过后，桥又复原接通。新中国成立后，此桥很少启动开合。1970 年此桥曾为了试验、检修开启过一次。虽然开启时间是在车辆、行人稀少的深夜 12 时至 2 时，但闻讯赶来观看开桥者仍然云集两岸。

此桥的总体感觉硬朗，犹如80岁的老者拥有着20岁的体魄，岁月虽无情，但对于这座桥的保护工作不得不赞扬一下，桥体上连一处锈迹都没有，可见日常维护的工作人员是多么的细心。我不禁感叹道，如果那些历史的老人们也能被这样维护，那将会是后世子孙们多么巨大的一笔财富。

紧接着下一个对象是塘沽大沽口炮台的铁炮。

大沽口炮台位于天津市东南60公里塘沽区海河与渤海的交汇处，是“外接深洋，内系海口”的“海门古塞”。大沽口是京津门户，海河要隘。

炮台始建于明代后期，清代多次进行修整。中国军民曾在这里多次浴血抗击外国侵略者，1840年至1900年整整60年间，大沽口炮台曾在1858年、1859年、1860年、1900年先后四次被帝国主义列强入侵，1858年(咸丰八年)5月，英法联军进攻大沽，大沽口炮台失陷；1860年的侵华战争使天津沦为半封建、半殖民地，开辟为通商口岸；1901年9月7日清政府与八国联军签订了丧权辱国的《辛丑条约》，并拆毁了大沽口炮台。相关部门在1997年将炮台遗址整修后对外开放。

大沽口炮台现存炮台3座，以“威、镇、海”三字命名。大沽口炮台已成为近代中国人民反对侵略战争的重要遗物。

我们在工作人员的热情接待下得以仔细观察这些曾经的利炮。我们发现腐蚀情况相当严重，铁炮全身锈迹斑斑，炮口炮身都有不同的腐蚀痕迹，岁月无情在这里可以得到很好的印证。据工作人员介绍，不久之后将建成一个大沽口炮台遗址纪念馆，

披满锈迹的大沽铁炮

到那时这些铁炮的保存会比现在好很多。

近代历史的沉痛就像这斑斑锈迹，压抑着中华民族不屈的灵魂，国家的强盛才是硬道理，建设伟大的新中国，我们任重而道远。

在陈列馆中还有一口铁钟，属国家二级文物。1884年（清光绪十年）由保定府练军官兵捐资，为纪念在1860年（咸丰十年）大沽口保卫战中壮烈牺牲殉国的直隶提督乐善而铸造，始悬挂于大沽海口乐威毅公祠。

铁钟口径585毫米，钟体高650毫米，钟钮蒲牢残缺，重105公斤。铁质精良，钟声洪亮，造型美观，铸造工艺高超。钟顶正中有“天眼”洞吼，其周向残留双吻双爪六点支撑蒲牢钟钮断裂痕迹，并环以莲花瓣浮雕；钟肩为弧弦纹构成的“上带”，并留有4个铸芯洞孔；钟体外壁上段分为“八宫”（八方），每“宫”（方）铭铸“风”、“调”、“雨”、“顺”、“国”、“泰”、“民”、“安”钟铭，其中，“风调”与“雨顺”，“国泰”与“民安”分别呈对角线布局；中带为一道弧弦纹；下段也分“八宫”（方），下一宫铸有钟款铭文：“大清光绪十年立　海口大沽　乐威毅公祠”，下二宫铭文：“皇图巩固　保定府　练军官兵　仝人公立”，下三宫至下七宫无铭文，下八宫为异形浮雕纹饰；下带为弧弦纹；钟裙铸有“八卦”；钟口为八波（曲）荷叶边。

1900年（光绪二十六年）八国联军攻陷大沽口炮台，大沽铁钟被英军奥兰多号军舰掠走，悬挂在英国朴茨茅斯市的维多利亚公园。

大沽铁钟

大沽口炮台见证的是中华民族的耻辱，大沽铁钟则有幸看见了中华民族的崛起。

经过多方人士的不懈努力，大沽铁钟于2005年6月13日，在朴茨茅斯市举行了隆重的“大沽古钟回归仪式”。交接仪式友好而庄重，英国各界人士、中国大使馆官员、代表团成员、华人华侨和留学生代表，共同见证了大钟回归的时刻。

2005年7月20日，“迎接大沽古钟回归仪式”在天津塘沽区大沽口炮台遗址上隆重举行。遗址纪念碑前，深绿色丝绒衬托着已经回到故乡的“大沽铁钟”，红色拱形门像两道彩虹在湛蓝的天空下格外醒目，五星红旗猎猎飘扬，人们跳起了民间花会，以自己的方式迎接大钟的归来。

两周的时间过得飞快，看着一件件前人的作品被岁月无情地腐蚀而毫无办法，我不禁一身冷汗，忘却了历史的国家还能强大么？历史给予我们的不仅仅是教训，更是启迪。保护这些前人们留下来的血和泪的教训，他们承载着中华民族之魂，我们不要给子孙后代留下的只是一堆灰烬。

社会实践真是一笔财富，它让我们慢慢地适应社会，慢慢地长大。让我们学会和社会上的人打交道，学会怎样做一个合格的人，一个合格的公民。作为一名大二的学生，学好知识固然重要，但更重要的是在跨入社会之际怎样让自己适应这个已经生活了二十多年的社会，做一名对国家、对社会有用的人。

感谢学校给我这次机会，希望实践活动越办越好。

## 暑期社会实践个人总结报告

□ 材料0509　李　浩

2007年6月，听说校团委即将开展“中国古代室外大型铁质文物保护现状调查项目”的招募活动，作为材料专业的我顿时产生了浓厚的兴趣，并和班里的另外七名同学组建了一个团队，参加此次的招募活动。很荣幸，我们的团队赢得了这次在暑期进行调查的机会。在北京和天津的这两周调查中，我不仅学习了有关中国冶铁历史和技术方面的许多知识，在目睹了许多文物保护的现状后，更使得我们深深地感到其保护形势的严峻性。

亚洲的许多文明在奴隶社会后期都出现了冶铁技术，是当时亚洲璀璨文明的见证者，铁是继青铜后人类文明的又一推动者。冶铁技术在整个人类发展史中发挥着十分重要的作用，是当时社会生产力发展的重要标志。中国作为一个有着五千年历史的文明古国，历史上其先进的冶金技术水平，不仅推动了农业的巨大发展，而且在铁器的制造方面也达到了一个前所未有的高度，也是使中国保持两千年领先全球的重要因素。然而明朝以来，由于“闭关锁国”、统治者自诩为“天朝上国”的短浅目光，使得中国渐渐跟不上世界前进的步伐了。尤其是工业革命后，我们被远远地甩在了后面，我国的冶金技术水平进入了一个低谷，这给了我深深的思考。

新中国建立后，尤其是改革开放以来，随着我国工业化进程的加快，环境污染越来越严重，在北方重工业集中地区和东南沿海甚至出现了酸雨现象，更由于缺乏科学的管理和有效的保护，我国的室外大型铁质文物的保护形势异常严峻，其腐蚀严重情况堪忧。我们此次的调查是配合“中国古代室外大型铁质文物保护”课题组，并通过调查更加深入地了解自己的专业相关知识，加深对我国国情和社会现状的认识。

在实践前，我们确定了实践地点和实践日程，并事先进行了资料的搜集和相关的实践地联系。我们确定的实践地点为北京和天津，并分了两个小组，一个小组主要负责在北京的调查，另外一个小组则主要负责在天津的调查。我分在了主要负责天津的调查小组，我们的调查顺序是天津鼓楼大钟、天津解放桥、大沽口炮台铁炮和大沽铁钟。

鼓楼大钟局部图

经过一番精心的准备后，我们登上了去往天津的火车，一个多小时后，我们怀着激动的心情到达了这个繁华的都市。

一下火车我们就风尘仆仆赶到了天津博物馆，首先映入我眼帘的是一座宏伟的建筑——一座现代化的博物馆，想到大钟有了悉心的保护，我们的心情为之一畅。

在工作人员的陪同下，我们对大钟进行了仔细的观察、记录、拍照，热情的工作人员还介绍了大钟的情况和相关历史并回答了我们提的一些问题。我们了解到鼓楼是“天津卫、三宗宝”之一。相传初建于辽、金时代，后来废弃，明朝初年重建鼓楼。1900年八国联军入侵天津时，鼓楼遭到洗劫，1921年重建。大钟每天早晚各撞钟一次，每次108响，作为开城门和关城门的信号。钟声清脆响亮，传遍城里城外和海河南北很远的地方。

鼓楼大钟的范缝清晰可见，我们可以了解到其制作工艺为泥范法。经过多年的风吹雨淋，钟上的铭文已经有些模糊了，并且钟的底部也已经有些破损。

从铁钟的下框格间所铸“衮（兖）州长老院”五字可知，此钟原为建于宋朝元祐年间的克州长老寺的东西，最晚铸于明末清初，是后来移到天津鼓楼悬挂的。这口大钟现在安于底座上，虽然不能撞响，但仍是一件铸型精美的艺术品，可供人们观赏。

在稍事休息后，我们来到了大沽炮台，调查这里的铁炮。

当我们和这里的工作人员说明来意之后，他们热情地接待了我们，书记给我们讲解一些相关的情况并回答了我们提出的问题，还带领我们参观了一些铁炮。

我们了解到：现在共有16门铁炮出土于遗址中，大多是新近出土的，并且没有经过特别的处理，所有出土的铁炮皆置于露天，再加上周围有天津碱厂、大沽化工厂等化工企业，还有着海风侵蚀，因此腐蚀都十分严重。远远看去就已经能看到炮上裹着的层层铁锈，近距离可观察到这些铁炮都腐蚀得十分严重，只能模糊看出其原来的样子。

这些现在浑身铁锈的“铁家伙”们是中华民族近代屈辱历史的见

大沽炮台

大沽铁炮

证，也表现了中华儿女不畏强暴的坚强抗争意志，是爱国主义教育的好教材。

这些本应该受到完好保存和保护的文物，现在却是这个样子，着实令我们感到遗憾，也让我们看到了经济发展背后的隐患，任何时候一个民族的精神始终都是其生存的基础和发展的动力，而民族精神的传承很大程度是在爱国主义的教育上，我们更应该抓好每一个细节。令人欣慰的是，当我们提出这个问题之后，书记笑着对我们说：随着滨海新区的开发，新的大沽口炮台遗址纪念馆将在不久的将来修建，到时候这些铁炮也将移入室内保存，也将得到更好的保护。在参观完之后，书记还赠送了一本《大沽炮台》给我以作留念，在此向他表示感谢。

带着沉重但又稍许乐观的心情，我们离开了大沽炮台遗址去往塘沽区政府，调查大沽铁钟。由于是政府部门，所以管理比较严，在我们出示了介绍信和相关证件后保安终于同意了我们进入大厅调查的请求。

大沽古钟铸造于清朝光绪十年（1884 年），曾被悬挂在大沽口北炮台（俗称“石头缝炮台”），古钟高 65 厘米，直径 58.5 厘米，钟面刻有“海口大沽”、“风调雨顺”、“国泰民安”、“乐威毅公祠”等字样，整体保存较为完好，其上字迹依然清晰可见。

据了解，这口古钟反映了 19 世纪末我国工业化初始时期铸铁技术的水平，对研究当时铸造行业的发展具有重大的历史意义。由于 1901 年屈辱的《辛丑条约》，大沽口炮台全部拆毁，几乎没留下一件完整的文物，大沽铁钟的归来，弥补了历史的空缺。

结束这次的调查后，我丝毫没有感到轻松，这些历史的见证者们好多都没有得到它们应有的待遇，不能不让我们对它们的未来感到担忧，但是随着经济的发展和人们保护文物意识的提高，这些问题正受到越来越多人的关注，它们的境遇应该会有很大的改善。

忘记过去就意味着背叛。文物是祖先留给我们的无价之宝，是金钱买不到的，损失一件便少一件。经过多少年的风风雨雨和战乱，流传至今的文物已经不多了。而且随着时间的推移，能够留传于世的文物会越来越少。为后人留下这些能够引起他们深深思考和爱国情节的东西远比普通的单纯的物质财富更为有价值，而建立更为完善的爱国主义教育机制更是当务之急，希望能引起有关部门的重视。

民族精神是一个民族赖以延续的基础，历史上的许多文明虽然物质灰飞烟灭，可是精神财富至今仍为人类所共享，人们仍然记得它们，可是那些只注重物质的帝国抑或“文明”，它们在毁灭后能带给我们什么？一个没有自己精神的民族，只能如偶尔战胜文明的野蛮一般被丢进历史的垃圾堆中，被尘封，也许直至世界的末日。

学习了解历史是为了更好地以之为鉴，用以把握现在，创造更好的未来。此次我们调查的铁器大都为近代以来的作品，更是中华民族曾经的辉煌、落后、苦难和屈辱的见证者。抹杀历史永远是为人所不齿的，但我们若不对它们进行良好的保护，这与抹杀历史又有何区别。以史为鉴，我们要做的是让后人牢记那段沉痛的历史，保住那段苦难的回忆，了解“落后就要挨打”的道理，了解我们从那时起就有着和其他国家的差距，这是我们的动力，也是我们的契机。若是孤独屹立于世界之巅，又有何动力可言呢？

这次的调查，我收获良多，不仅对我们的冶金发展史有了了解，而且学习了许多有关铁质文物保护的相关知识，并掌握调查活动的流程。它让我开阔了视野，在身体和精神上都得到了锻炼，更使得我从书本上学来的知识有了实际的用途，加强了我的动手能力，这对我以后的学习、生活有着重要的影响。相信我们这一代人能够承担起祖国发展和繁荣的重任，而不是所谓“垮了的一代”。

在这大学时代的最后一次暑期实践结束之际，十分感谢校团委给了我们这次机会参加“中国古代室外大型铁质文物保护现状调查项目”，祝愿学校的社会实践工作越来越成功。

# 山　西

山西位于中国的中西部地区，是一个古代铁器文物十分丰富的省份。山西特色鲜明的文化吸引了很多同学参加，他们组成了两支实践团队：太原分团和长治分团，成员主要来自机械学院、土环学院和材料学院。团队成员走访了各地文物局、博物馆和寺庙古刹，对山西的太原、晋城、高平、吕梁等地的大型铁质文物进行了详细的调研，除了铁炮、铁香炉、铁狮子之外还调查了大型铁人等较为少见的大型铁质文物。太原分团在迎泽公园——太原市最大的一个湖滨公园，向游客们分发了宣传资料，介绍了铁器文物保护的有关知识。

# 太原分团行程手记

□ 太原分团

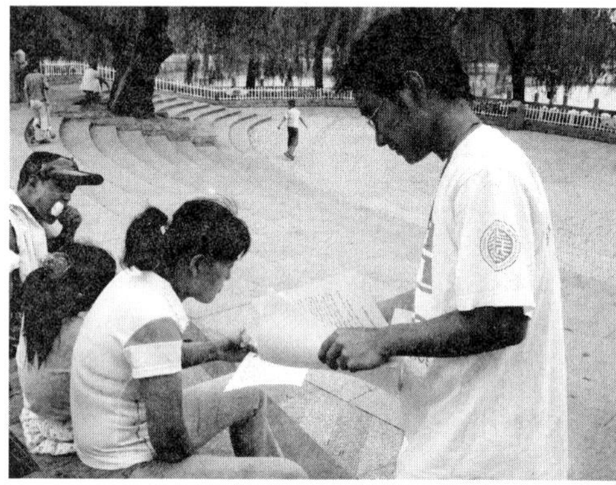

实践团成员发放问卷

经过8个小时的火车之旅，8月6日早上七点半，我们顺利到达了位于太原市中心的太原火车站。与在太原等候的同学会合以后，我们先在太原大学附近找到了住宿的地方，安顿好以后就商量了近几天的具体活动安排。经过一中午的休息，下午我们去了山西省文物局，并出示了北京科技大学团委开的介绍信。山西省文物局的领导热情地接待了我们，他们非常喜欢首都的大学生来为他们的文物做宣传，并为我们开了一份书面介绍信，希望其他各个单位配合我们的文物调查工作。首战告捷，这大大鼓舞了我们团队每一名队员，大家都热情高涨，对之后文物调查工作的开展充满了信心。

让我们一起攀登

第二天，我们团队一行人去了市区里的迎泽公园，这应该是太原市最大的一个湖滨公园。在公园里，经过管理人员的同意，我们热情地向游客们发放了我们自己制作的宣传资料，向他们介绍铁器文物保护的有关知识，号召全体市民为大型室外铁器文物的保护作出自己应有的贡献。这是我第一次走上街头分发宣传资料，不免有些紧张，但是看着游客们对我们这些北京科技大学学子们投来赞许的目光，内心的一点紧张变得荡然无存了。文物的调查是我们活动的一部分，但是宣传的开展也是必不可少的一个环节。在山西的这八天时间里，我们还去过五一广场做过类似的宣传，这对于提高北京科技大学在太原的知名度也有很大的益处。

因为在刚来山西时，文物局局长告诉我们，我们所提供的地方有几处非常难找，当地都不通公路，得步行前往。基于对安全问题的考虑，我们的文物调查地点缩小到了太原市区及其附近郊区，其附属县的一些文物由于交通的原因就暂时不做调查。我们去的文物调查地是：文庙、崇善寺、晋祠、永祚寺。

文庙是原山西省博物馆的所在地，因为山西省博物馆改造迁到了新的馆址，大部分文物已经转移到新馆去了，但是幸运的是因为铁器文物体积大，沉重难以搬运，所有的室外大型铁器文物都留了下来。山西省博物馆馆长热情地接待了我们，还和我们合影留念。文庙内的铁器文物数量多达十余件，我们分成了两个小组，分头进行测量工作。

博物馆的工作人员对我们的调查工作给予了积极的配合，其中一位年纪较大的还跟我们聊起了天，他对很多

文庙门外大铁狮

热情的博物馆馆长

文物的历史以及其他一些具体的内容进行了生动幽默的讲解，我们收获颇大。

晋祠是我们的重点调查单位，由于其历史悠久并且在中国历史上拥有很重要的地位，因此其中也包括了很多不同年代、文化背景以及用途的文物。行走在其间仿佛置身于历史文化的长廊，期间又不乏令人印象深刻的收获，从充满神奇色彩的不老泉，到圣母庙中侍女半喜半忧的神情，再到相传是中国第一座立交桥的感叹，每一处景物都带给我们无尽的感慨和惊叹。

文庙铁缸

当然其中的铁质文物之丰富也令我们欣喜若狂，从寺庙中常见的铁钟到门口的铁狮子、铁炮，再到最为著名的金人有十几处文物。这也是我们此次实践过程中收获最丰富也最为忙碌的一天。

晋祠铁人

永祚寺大雄宝殿前的铁钟

这次实践总共调查了五个铁器，均有铸范缝痕迹，可观察浇铸、范块痕迹，分析出铸造的工艺技术。调查时间正值家乡酷热季节，顶着火辣辣的太阳，对我的体力着实是个很大的挑战。有的实践地位于著名景区，让我们也领略了不少景区风景，为这次实践增色了不少。

## 实践手记

□ 05 级材料　刘　倩

实践的主要地点有两个，一个是位于山西省吕梁市交城县卦山景区的天宁寺，另一个则是在山西省吕梁市石楼县的文物管理保护所。8 月 19 日我来到交城北郊的卦山，这个被北宋书法家米芾誉为“第一山”的风景名胜我瞅了一眼便匆匆游过，直奔铁器的存放地——天宁寺，它是全国重点文物保护单位，始建于唐代贞观六年，相传为中国佛教华严宗发源地。8 月 23 日，我来到实践的另一站——石楼文馆所，这里我调查的铁器有清代铁炮、明代铁佛和汉代铁铧。记得刚到文馆所时，在我说明来意之后，文物管理人员的热情接待让我非常感动。一听说大学生要调查铁器，他们马上帮我安排参观。由于明代铁佛保存的地方光线比较暗，为了方便我拍照，他们特地帮我搬出来放到明亮的地方。

明代铁佛

暑期的实践结束了，两周的调查研究虽然时间不长，但却为我的人生刻下了一段铭心的经历。我不知道别人是如何看待这次的实践活动，但对我来说却是意义非凡的。我是一名材料专业的学生，学习的课程与钢铁息息相关。在短暂的实践过程中，我深深地感觉到自己所学知识的肤浅和实际运用中专业知识的匮乏，调查刚开始的一段时间里，对一些铁器的铸造技术还有锈蚀等等一些专业名称感到无从下手，加上一些有关铁器的制作工艺更让我感到茫然不知所措。在学校总以为自己学得不错，一旦接触到实际，才发现知道的是多么少，这时才真

清代铁碑

正领悟到“纸上得来终觉浅，绝知此事要躬行”的含义。在调查的过程中我学到了很多，锻炼了很多，并对铁器相关知识理解了不少。看到许多国家级珍贵文物因为各种原因得不到很好的修缮，也不知道搁在院子里的铁碑、铁钟、铁炮经过年复一年的氧化、风蚀，还能在风吹雨打的露天下忍耐多久。我不知道会有多少跟它们遭遇同样处境的铁质文物，日晒雨打，一天天变瘦。我不知道它们什么时候才能摆脱现在的遭遇，远离生锈的苦恼。

## 实践手记

□ 05级环境　郜　芸

首先我对市里的一些文物单位有了了解，知道了它们的具体位置，知道了那里的职能，并鼓起勇气与那里的领导交流，在交流中我不再是个小孩，不再胆怯，我终于可以用大人的口气和他们交谈，而且在交谈中我的表达能力也有所提高。

崇安寺

另外，查找资料、联系相关部门都是我自己解决的，也许在处理事情的过程中，我有做得不妥的地方，有不明智的选择，但我积攒了经验，吸取了教训，头脑更灵活了，独立办事的能力也有所提高，我想这才是一笔真正的财富。

更明显的收获是在实践中，我对我家乡的历史有了更多的认识，原来我的家乡曾经是冶铁繁盛地，它在我心中不再是一个不起眼的小城，每一座城都有它的历史与故事，都有它美丽的地方，关键是我们要有一颗努力去发现它的美，承认它的美的心。我很高兴我拥有这样一个值得我骄傲的故乡。

崇安寺内宋代铁钟

# 山西长治实践记

□ 山西长治分团

➢ **2008年7月21日**

明天就要实践去了，我们规划了实践行程，讨论了实践中应注意的事项，明确了各负责人在实际中的任务和应履行的责任，并讨论了实践中宣传的主要内容。我们还制作宣传单和实践横幅，制作视频资料并录制影像文字。横幅文字定为“珍视民族瑰宝，保护铁质文物”，宣传视频分三部分，第一部分展示学校的风采，第二部分展示铁器精品和腐蚀情况的照片，第三部分展示团队的实践风采。

➢ **2008年7月22日**

按照行程安排我们先到山西长治市进行调研。九点的火车，我六点就起床准备了。我们七点半上公交车，准时到达了火车站。这趟火车是慢车，我们晚上十点多才到达目的地。团队中一个高平人已经在此地找好了房子，条件不是太好，但社会实践就是让我们步入社会体验生活的，吃苦才能感受到实践的意义。

坐了十几个小时的火车虽然很累了，但是我们还是坚持开会讨论了明天的行程和工作分工安排。

➢ **2008年7月23日**

今天的主要任务是沟通相关部门，获得他们的支持。

第一站是政府。以前没怎么接触政府，这次见识了政府戒备的森严。我们到达政府门口，门卫根本不让我们进。我们拿出了所有证件说了好久，他们一直推拖，说宣传归市容监察大队管，于是我们前往市容监察大队，办完后我们又回到了政府，在等待和周旋中我们终于拿到了去文物局、博物馆、气象局的介绍信。

第二站是文物局，虽然受到了热情接待，进行了访问和咨询，但是没有拿到我们想要的东西。

➢ **2008年7月24日**

昨天在政府得到了一些介绍信，今天正式进行调研。

第一站是博物馆。在博物馆我们发现了几座铁炮并对专业人员进行了访谈，收获很多；但是他们不给我们提供铁炮的相关资料，说必须得到馆长的批准才行，而明天早上才能见到馆长。真是又一次挫折。

第二站是气象局，气象局的数据更不好弄，即使有政府的介绍信，气象局的数据也是要收费的。我们周旋了好久，他们允许我们见局长，但局长下班了，只有等到明天才能完成任务。虽然挫折比较多，但是我没有灰心，甚至觉得这次调研更有意义了。

➢ **2008年7月25日**

今天任务较重，我们分组开展调研。

李娟带队，孙超、李娜、郑攀峰去博物馆，完成昨天没有完成的任务。他们先见了馆长，向馆长介绍了活动的目的和意义，并得到他的支持。馆长还答应给我们铁炮的数据，一切还算顺利。

廖国庆带队，郑悦、潘志新去气象局。早上，我们来到气象局，依次见了薛局长、杨局长，最终得到他们的允许，在不收费的情况下给我们气象数据。看到气象局的资料室，我们理解了为什么抄数据要收费了。

长治城隍庙铁钟

中午集合准备去长治市城隍庙，我们和当地居民交谈时获知此地有铁质文物。在城隍庙我们发现了一座铁炮和一个铁钟，都保护得不好。

长治城隍庙铁炮

### ➢ 2008年7月26日

今天的调研地点是长子县。

坐了两个多小时的车到达长子县，我们先找到文化馆和文物馆，但相关负责人不在；随后我们又坐车前往紫云山脚下，爬上山腰，找到了

长子县崇庆寺铁佛全貌

目的地崇庆寺，但遗憾的是，由于没有县文物局的批准，我们只能观看寺中的铁佛，但不能拍照。由于时间的限制，队长将我们分两批，一批留下等待文物局的通知，一批去文物局。下午我们找到长子县文物局的领导，他们很热情地接待了我们，并给崇庆寺打电话批准照相和提供数据，最后我们合影留念。这一天可谓既有失，也有得。

> **2008 年 7 月 27 日**

潞城博物馆内铁炮

今天的调研地是潞城，在古代，潞城可是一个冶铁的繁荣地，有“潞州铁之文化，长治铁之魂魄”之说。

吸取了昨天的教训，我们先到文物局找到局长，得到他的批准。但是局长告诉我们八铁人在九几年就被盗了，现在还没破案呢。为了确认消息的真实性我们来到了凤凰山巅原起寺，铁人确实不在了。塔上还有一些铁铃，但据工作人员介绍，为防铁铃被盗走，塔上的铁铃是仿造的，真品已经收入博物馆。咨询了当地居民周围是否有大型铁质文物，没有得到新的发现，很遗憾。

> **2008 年 7 月 28 日**

我们对长治市的文物都进行了调研，今天转战晋城市。我们决定住在高平市，那里交通方便。

坐了半天的车终于到达目的地。队员已在此地找好了住处。为节省时间，吃过午饭我们就开始了调研活动。晋城市要调研的地方比较多，我们分两批开展调研，一批去客运中心将路线打听清楚，一批去市政府获得一些介绍信。这天的工作开展得很顺利，让我们信心大增。

➢ **2008 年 7 月 29 日**

今天的调研地是泽州，泽州的文物是一个研究生给我们提供的信息。

来到泽州已经是十点多了，我们先拜访了文物局，小县城比大城市好办事，文物局的领导热情地接待了我们。下午我们便到实地进行调研了。今天虽然辛苦，但收获很多。

➢ **2008 年 7 月 30 日**

今天的调研地是阳城县。

由于离住处较远，我们坐了很久车才到达目的地。吸取前期调研的经验，我们先拜访了文物局，获得领导的批准。下午去实地调研。

海会寺的所在地是润城县，那儿的交通不太发达，找海会寺花了我们很长时间，走了七八里地。虽然很累，但收获颇多。

➢ **2008 年 7 月 31 日**

今天主要的调研文物是陵川县卧龙镇的崇安寺铁钟，由于调研地点离住处很远，我们早早地就起床坐上了去往目的地的公交车，经过了几次换乘的颠簸，我们如愿以偿地在计划时间到达崇安寺。民风朴素的老百姓热情而认真地完成了我们的调查问卷，文物局领导和工作人员也对我们的调研工作给予了高度的支持和应有的帮助，其他的工作也在我们的努力下顺利地完成。返回的路上我们疲惫但很欣慰，因我们的付出与努力而踏实安心。

➢ **2008 年 8 月 1 日**

今天的工作是在高平进行铁质文物的宣传和调研，上午分批开展调研，一批联系政府（李娟、孙超、郑悦），另一批进行实地调研（廖国庆、

长子县法兴寺铁钟

潘志新、郑攀峰、李娜)，下午进行宣传。

我们上午八点来到了市政府，在详细说明来意之后，保安告诉了我们明确的部门，并让我们签字之后进入了市政府大门。我们第一个找的是宣传部，因为要在高平做宣传，我们直接说明来意，那里的职员立即告诉我们找部长，部长对我们的宣传工作非常支持，立即拨通了建设局局长的电话并批准我们下午做宣传。

去实地调研的一组，早晨赶往百方村调研铁器，一路上还比较顺利，虽然晚下了一站，但却误打误撞刚下车就看到了庙。由于不需要上级文物局的批准，管理人员给我们开了门，他们对这座庙知道得也不多，更不用说庙里的铁器，只是给了我们一张庙里的简介，更多的是我们记录碑记上刻的时间。调研之后我们乘车回到高平市，准备下午的宣传。两点多进行宣传，很顺利。

➢ **2008年8月2日**

今天是调研的最后一天，但是任务还是很多，我们要去晋城市获得阳城、陵川、泽州、高平的气象数据，并整理资料——有调查问卷的统计、参数表的填写、实践行程的书写、照片的挑选和分类。我给每个人分配了任务，并指派了负责人。之后我和郑攀峰去晋城市获得了各地的气象数据。在长治有了沟通的经验，加之气象局的工作人员很支持大学生调研，开始他们告诉我们数据是要收费的，但经过我们真诚的解说，我们很快得到了数据。今天的调研很顺利，回去的路上我感觉特别轻松，终于顺利完成了全部的任务。

➢ **2008年8月3日**

在外面奔跑了十多天，此次调研比我们预想的要艰难得多，遇到了一些困难，但在全体成员的共同努力下我们胜利完成了任务，同时学到了很多的东西。今天我们坐上了回去的火车，我相信我们的成果是最棒的。

## 条条“铁”证如山

□ 06级文法　李　娟

坎坎坷坷，磕磕绊绊，忙忙碌碌茫茫。乍晚还早时候，最难将息。三言两语闲聊，怎敌他夜深人静？风过也，正起兴，却是轻描淡写。满屋纸笔狼藉。憔悴损，如今有谁整理？守着床儿，独自怎生得困？梧桐更兼轻风，到午夜、飘飘洒洒。这关系，怎一个“铁”字了得？

——题记

实践中我们经历过坎坷，路见过平坦，当实践结束回首往事的时候才发现路途中还留下过许多感慨。我们感慨路途的辛酸，感慨社会的不公，感慨人们对铁质文物的漠不关心，更感慨世态炎凉。我们对行政工作、文物保护方面存有太多的疑虑，不谙世事的我们大多时候还是对某些事抱有幻想。实践中遇到的一件件事就如“铁证”一般逐渐打消了我们的幻想，让我们重新认识我们曾经的各种“以为”。

我们曾经以为在文物保护单位可以随便拍照，但当我们去崇庆寺的时候却被拒之门外，其中非常重要的原因就是“此寺禁止拍照”。在博物馆的展厅、许多旅游景点抑或是寺庙存放文物的殿里，通常都会有一个这样的标志“此处禁止拍照”。当我们走进高平伯方仙翁庙的时候，正殿的入口处就有这样的一个标志，但是管理人员根本就不理我们，打开正殿的门后就去忙自己的事了；在长子博物馆的时候，我们要求要查一些铁质文物的资料，他们的领导却说：“要不让他们拍咱们博物馆的文物吧？”这两种鲜明的反差对比，两种截然不同的态度，我们也不知该如何抉择。

当我上网查资料的时候，发现鉴定文物级别似乎有很大的自由度，其价值的大小通常是由业内知名专家鉴定。如同法官在审理案件的时候拥有一定的自由裁量权一样，专家也可以自由衡量文物的价值，其鉴定标准本身就是模糊的。其结果是否准确，只不过是其他专家是否认可的问题，如果专家达成一致意见，那么文物级别也就可以确定。

我们曾经以为博物馆、寺庙的大门对我们是敞开的，应该很容易进去。实践过程中有的确实很容易进入，但有的却让我们屡屡“吃闭门羹”，经过上级部门的层层批示才勉强进去。为什么同样是文物保护单位却有如此大的差异？对此我们存在很大的疑惑，在面对普通参观者的时候，这些文物保护单位到底是应该“心慈手软”还是“铁石心肠”？

在长治日报社访问

我个人认为文物保护有其独特的环境要求和规章制度，并有专业人员对其进行日常维护，其保护具有专门的技术要求且专业性较强。而文物保护单位的主要任务不正是保护文物，从而使文物的破坏程度降低到最小？那么对于我们这些文物保护的门外汉来说，对文物管理方面的相关制度也是知之甚少，通过严格的程序控制才能使文物管理更加系统化、层次化。

我国的《博物馆管理办法》第六条也明确规定，国务院文物行政部门主管全国博物馆工作，县级以上地方文物行政部门对本行政区域内的博物馆实施监督和管理。因此，查阅文物的详细资料必须要得到相关文物行政部门的许可同意，于是才出现了屡屡吃“闭门羹”的情形。

换言之，各地关于文物管理的办法规定大同小异，不同的态度说明他们对待文物保护的态度。虽然有的文物行政部门确实是暂时给我们提供了方便，但大多这种方便其实是违背了文物保护相关规定，此缺口确实开不得。

我们曾经以为铁质文物也应该与其他文物一样，其保护收藏没什么不同，但事实上它们的“待遇”却相差甚远。首先，博物馆为什么从不举办“铁质文物展”，而其他文物展却层出不穷？其次，为什么民间收藏铁质文物的寥寥无几，而其他文物的民间收藏却屡见不鲜？再次，为什么对铁质文物采取的保护措施、投资力度都与其他文物相差甚远？这些都值得我们深思。

带着这些疑问和不解我们走进了长治市博物馆，与那里的文物管理人员促膝长谈。她提到铁质文物的保存与其他文物相比，需要更严格的环境要求，像这样规模正式的博物馆都不能很好地对铁质文物进行保护，更何况民间收藏？同时，铁质文物留存下来的也比较少，因为在古代铁大多是用来制作农具或生活用具，不像其他质地的农具或生活用具，如果破损或损坏可以进行回收熔铸，重新铸造新的用具。

当然铁作为一种金属材料，其本身的价值就没有金银大，人们普遍都没有形成保护观念。并且保护铁质文物需要很高的技术要求，所需的投资更大，甚至可能会出现“投资没有回报”的现象，毕竟其自然而然就会发生腐蚀，这是无法人为控制的。进而在没有发现更好的保护方法的前提下，对已经发现的铁质文物尽可能维持原状，维持其原有的平衡状态才是最好的保护方法。实践也证明，铁质文物的腐蚀在其被挖掘出来后更为严重，其原因就在于挖掘破坏了其原有的力学平衡和温度湿度的平衡，从而使其无法适应新的环境。

踏过实践的路途，我们在一种平静的注视中成长，我们从底层深处，从长辈最高的期盼中一路走来。年少轻狂的我们曾以为一切都应该是按常理出牌，幻想的成分更大一些，其实更多的时候不知其中有多少潜规则是我们所不熟知的。曾经的种种“以为”在“铁”证如山的事实面前也就渐渐相形见绌，我们也不得不承认我们曾经的幼稚和无知。实践让我们变得清醒，做自己的一个冷眼旁观者或批评者，从而避免落入自命不凡或是顾影自怜的境地。

“铁”一样的事实练就了我们“铁”一般的性格，纵使转身跳进社会的大熔炉，千百度的高温锻造，也只能是“形变而质不变”，其秉性很难改变。无数的挫折在我们“铁”一般的毅力的坚持下，变幻成一个个难得的机遇和运气，我们不能绕过这种种挫折，如果那样我们也就错过了挫折孕育着的机遇。因为实践，我们与“铁”结下不解之缘；因为有“铁”，我们抓住了摆在面前的机遇；因为机遇，我们得到了值得永远珍藏的回忆。

## 那些“漂泊”的日子

□ 06 级文法　李　娟

从 7 月到 8 月初，我们团队全体成员冒着酷暑，从查阅相关资料到设计宣传单；从走访相关机构到和相关部门工作人员交流；从咨询有关专家到接触文物部门管理人员。我们走进了山西长治、潞城、长子、晋城、高平，走进了城市里的大街小巷、机关政府部门和拥有铁质文物的大小寺庙、博物馆，访问了与文物保护相关的各色人群。

我们走过了一条长长的路。走出校园、走进乡土，全身心地感受那些令人欣喜或是忧伤的社会现实或是历史沧桑，是我们此次实践的最终目的；把我们所聆听到的那些正在中国大地上燃起的保护文物的热情，用最真实的“本色”声音还原给所有关心铁质文物保护的人们，则是我们在报告撰写过程中饱藏在内心深处最热切的希望。

为了力求调查的客观与真实，我们走访了大小寺庙和博物馆，不放过任何一个有着铁质文物的地方，进行“地毯式的搜寻”，追寻实践足迹探寻铁器精品，这种调查方法可谓是有苦有乐。

在烈日炎炎的 7 月份，早上 8 点多我们冒着烈日出去做调查和访谈，早晨更多的时候是随意找一家路边店解决肚子问题。为了最广泛地获取资料，我们不放过任何了解情况的机会。在面对普通市民的时候，我们听到了最质朴的话语，感受到了他们对铁质文物的不解和保护现状的担忧。

当然，我们也有遭遇挫折的时候，由于调查时期正值长治市建设文明城市、全国文物普查第二阶段和奥运会前夕的三重敏感时期，市委及各部门领导对待我们较为谨慎，有些问题无法得到确切答案。那些日子就像是一则有趣的故事，其价值不在于篇幅的长短，辞藻的华丽，而在于情节的跌宕，内容的经典。

不曾忘记刚下火车时举目无亲、人生地不熟的那种茫然。只身一人漫步在长治的大街上，走遍了火车站旁的大小旅店，力求找到最实惠的落脚地，与出租车司机攀谈，向旅店服务人员询问，在长治市地图上查找，历经波折才在八一广场附近的捉马村找到了下榻之处。这时我才体会到“独在异乡为异客”的孤独和寂寞。

实践的道路有点艰辛

不曾忘记在市政府门前徘徊、踱步的那种焦急和无奈。我们似乎站在“围城”外面，想进去却无法进去，就是因为没有那张“凭证”。我们一次又一次，一遍又一遍地说明我们的来意，说服门卫给我们放行，让我们拿到批条，但似乎我们与门卫之间无法沟通。由于地方方言不同和对我们此次活动的疑惑，我们费了九牛二虎之力才说服他们，进入了市政府办公楼的大门。这时我才体会到寻常百姓步入市政府这座“围城”的艰难。

不曾忘记我们一次又一次跑气象局和博物馆的艰辛和辛酸。我们很想取得气象和铁质文物的具体参数等资料，市气象局、博物馆一直以各种理由推托，数次令我们吃到“闭门羹”。有一次我们硬是在博物馆门口等了足足有一个半小时，直到他们那里的工作人员上班。而气象局我们更是三番五次地跑，第一次他们竟然以“查资料要付费，我们付不起”为由不接待我们。

不曾忘记去崇庆寺路途坎坷、颠沛流离的那种辛苦。从早晨到傍晚我们一直都在路途中奔波，总在渐渐靠近那个可知或未知的终点。因为该寺还没有向社会公众开放，一直没能获得入寺参观的机会，几次三番地找当地上级领导批条，直到调查的最后阶段，在我们的“攻关”下，才有幸“登堂入室”。我们就像虔诚向佛的信教者，虽然没有一步一叩地上山，但我们也是一步一步走了半小时的山路，而且不止走了一次，为的是见到我们闻之已久的那尊佛像。

不曾忘记那几门被遗忘在角落的锈迹斑斑的铁炮命运之悲惨。当我们步入博物馆的大门，要求看那几门铁炮的时候，主任爽快地答应了，但当我们看到那几门铁炮的时候却惊呆了。它们静静地躲在黑暗的角落，似乎被世人遗忘，更有甚者旁边的木门里竟然存放着平时用的清洁用具，它们上面竟然还放着几块废弃的木板，几经风雨沧桑的它们如何能承受起如此重的压力。

而每当夜晚10点多以后，我们结束了一天的调查，躺在旅店的硬床上，一边汗流浃背，一边对这一天的调查成果进行热烈讨论的时候，我们是带着发自内心的喜悦。因为我们深深懂得，越是辛苦，我们的成果越是丰硕，而当调查结束我们回首往事的时候，所有的酸甜苦辣都会转化成美好而难忘的回忆。在撰写调查报告的时候，我的脑海不时浮现出一些熟悉的眉眼，一些难忘的笑声，或者几句朴实无华却发人深省的话语。

我不会忘记在博物馆里与文物管理人员促膝长谈。对于一些看似很简单的问题，我与她有时却会沉默不语；谈到兴起之时我们又相视而笑，因为我们彼此都对铁质文物时时关注；直到最后我离开时仍恋恋不舍，因为她是我们志同道合的朋友。谢谢你，我的朋友，请允许我这样称呼您。

我不会忘记在调研地那些可爱质朴的人们对我们的热情。当我们问路的时候，他们总会认真回答；当我们咨询的时候，他们总会详尽地解答；当我们遇到困难的时候，他们总会伸出援助之手。当我们饥饿而又正值午休的时候，他们却马上拿起了锅铲炒饭，虽然那顿饭是我们实践时最差的伙食，但我会永远记住他们的热情。我会把他们牢牢记在心里，此时此刻、此情此景我们有幸碰到了他们才让我们成为上帝的宠儿。

我不会忘记那些好笑而又有趣的实践故事。还记得有一次我们问：

"阿姨，崇庆寺怎么走？"谁知那阿姨竟回答："'重庆市'啊，不是在四川吗？"霎时间满车的人都笑了，她也不好意思地笑了笑。她是我们乘坐公交车的售票员，搭乘她的车，我们心里踏实，因为有她给我们指路，我们会到达目的地。与此情形大概相同，售票员并没有告诉我们目的地已经到达，却说我们过了站。只好下一站下车，谁知恰是因为坐过了站，我们没走几步便来到了伯方仙翁庙，正所谓"下错了车走对了路"。

我不会忘记那些质朴幽默而又发人深省的话语。在当地进行宣传活动的时候，有一位叔叔硬是拉着我，问道："你们搞这样的活动到底是为了什么？"当我讲了一大堆关于铁质文物保护现状之后，他似懂非懂地说："啊，我知道了，铁现在都涨价了，这些东西一定也很值钱，一句话'贵嘛'。"其实，我讲的时候一直说的是文物的"价值"之类的词，他却移花接木把"价值"说成是"贵"。可是，细想之下不就是这样吗？那些价值不高，或者说不值钱的文物我们放在眼里了吗？

当然，我更不会忘记与我同甘共苦的团队成员和这些天漂泊在外的日子。为了梦想，我们播洒汗水，收获成长，踏过坎坷，路见平坦，一路上彼此扶持，彼此鼓励。有一个信念始终在耳边回荡：无论怎样，我们都要努力坚持奋斗下去。正是这些冷冰冰的铁质文物成就了我们之间铁一样的情谊，锻炼了我们铁一样的意志。

是的，我们是上帝的宠儿，许多困难我们都经历过了，而今却很好地立足于这片土地之上。我想在这里对所有被我们的调查所"骚扰"的人说一声谢谢。感谢你们在调查过程中对我们热情的帮助，感谢你们对我们的信任，感谢你们对我们的支持和理解。即使有时遭人冷眼和抱怨，但也使我们对社会有了更为深刻的认识，并对调研方法进行了认真的反思和适当的改动，从而得到了更为真实的结果。

此次社会实践活动使我们更深入地了解社会，使我们对很多社会政策、社会现象的认识不只停留在书本的理论知识阶段，而是提升到社会责任范畴；使我们大学生的认识水平提高了一个层次，大大地丰富了我们相对贫瘠的人生阅历，心灵也经受了一次洗礼。我们拍摄的照片和影像资料，也将直观地反映出我们的感受。

调研活动对我们来说虽然已经告一段落，但是梦想却依然在新的起点继续孕育。最后的最后，用一句话对我们的实践活动进行总结："千里之行，始于足下。"用我们的脚步丈量未来的梦想，用我们的汗水孕育成功的希望！"心事浩茫连广宇，于无声处听惊雷"，多一点慧心去感受这个世界，去感受生活中的点点滴滴，会发现我们的生活是多么丰富多彩，会发现我们的生命是如此辉煌灿烂。

## 实践感悟

□ 06 文法　李　娜

美好的日子总是让人记忆深刻，正如绚丽的花朵常常引人哲思万千……

作为北京科技大学大型铁质文物调研团山西分团的一员，在这个奥运圣火点燃全中国人民激情与梦想的2008年的初夏，我和团队的其他六名成员带着同样的激情与梦想，满怀责任与憧憬来到钟灵毓秀的山西开展暑期实践活动。

人杰地灵的山西山石俊秀，草木清灵，每一寸热土都充斥着深情挚意，洋溢着浑然天成的淳朴厚重的文化风俗。无论是历历千年而气质犹存的古刹庙宇、王府庭园，抑或现代潮流而繁华明丽的高楼长街、广场乐园，我们足迹所至之处包绕着异乡亲人的亲切与安宁。

实践的过程波波折折，但终是"山重水复疑无路，柳暗花明又一村。"忧伤喜悦、欢笑泪水的交织里，山西人的热情关怀总是让我们为之动容，那些弥足珍贵的挫败却让我们不断成长，辛劳付出后的得到更是让我们欣慰振奋……

疲惫时的互相关怀，沮丧时的时常鼓励，困顿时的团结协作，总结时的取长补短……实践的日子漫长又短暂，我们对人情冷暖的感受厚重了，对社会黑白的体验深刻了，对文物保护的认识清晰了，对自身能力的发展明确了。情理之外，意料之中的东西我们真的得到了不止一点点。

心理思想的破茧成蝶就在这短短的 14 天绚烂萌芽。

和队友协调合作完成调研任务的同时，我作为团队的财务负责人还负责管理团队日常的财务收支和财务预算工作。为加强团队财务管理，保护团队成员权益，提高监督效能，特制定了相关财务管理条例。

（1）财务负责人对团队经费的管理和使用务必如实填写财务登记表，建立经费收支账目和相应的财务制度，做到账款分离且妥善保管团队的日常收支发票、火车票以便报销。

（2）财务负责人在每天的工作总结会议的财务收支表及社会实践结束后的财务总结报告中申明团队经费使用情况。清楚地记录款项使用的日期、数额、用途、经手人以及开展该活动的意义和影响。以备团队成员随时监督、检查。即财务收支情况公开化，使每个队员对自己团队及个人的财务收支状况清楚明了，增加账目的透明度。

（3）财务负责人或团队其他成员不得随意占用、处理团队财产。若有毁坏团队财产者，须按原价赔偿，团队财产为集体所有。团队成员有权对收支情况提出疑问，财务负责人必须做出正面解释和回答。

（4）上述财务制度条例根据实际情况可适当删减。

财务工作的经历是对我自身能力的挑战与突破，在工作的过程中我的经营管理能力、组织领导能力、开拓创新能力、协调服务能力、沟通合作能力都得到了锻炼与发展。

这次暑期实践的山西之行丰富了我的人生经验，拓宽了我的人生视野，让我对自身发展和社会发展的认知都上升到了另一种高度：改变可以改变的并为这改变而努力奋斗，接受不能改变的并因这不变且包容悦纳。

长治城隍庙

# 陵川之旅

□ 06级材料　潘志新

晋城市陵川县崇安寺钟楼

社会实践结束了，但实践中发生的点点滴滴会变成美好的回忆永远烙印在我们每个人的心中。回想实践的日子，期间包含有旅途的困顿、奔波的艰辛、被拒绝的无奈和一无所获的挫败感，同时也充斥着疲惫时的互相关怀，沮丧时的时常鼓励，困顿时的团结协作，总结时的取长补短……

还记得陵川之旅，那期间有旅途中的艰辛、调查时的辛劳和访谈时的顺利、整理时的满足。陵川是山西省晋城市的一个贫困县，四周环山，交通比较封闭，因而去那里需要倒车。因为出发前需要打听具体行程，又加之对这个陌生之地的不了解，所以大清早我和团队的另一名成员就坐车来到高平车站，向售票员咨询。了解行车路线后，我们开始了陵川之旅。陵川的地理位置比较偏僻，到那里的路线只有一条，辗转大概两个半小时才走出了车厢。到达县城时，大概十点钟，我们的落脚地就是崇安寺，也就是我们要调研的地点。趁着上午还有一段时间，我们大概参观了一下崇安寺就匆匆进行了问卷调查。因为那里比较落后，所以人们的知识水平相对浅显，但那里的民风很淳朴。之前，我们本以为在那里做调查会有点吃力，但人们的积极配合让我们着实感到满足。我们各拿一部分调查问卷，然后分头去分发给人们。虽然大部分人不太了解这个活动的意图，但我们耐心讲解，尽量用比较通俗的语言加以介绍，就这样大部分人较为清晰地了解了这个活动的目的并肯定了活动的重要意义，随之而来的是调查的进度加快了。大概到了十二点钟，大部分问卷已经填写完毕，我们的心里也踏实了不少。吃过午饭，我们找了个清净的地方，准备整理一下回收的问卷。之后，我们进入了崇安寺内，开始对大铁钟进行调研，包括拍照、记录等等。之后又见了几位馆内领导，他们都非常热情地提供给我们关于铁钟的信息，并给出了一些保护铁质文物的建议。由于各方都非常配合我们的工作，我们很快把当天的任务完成了，心情完全放松了下来。

虽然陵川之旅有旅途的困顿和艰辛，但收获让我们感到知足。毕竟付出得到了应有的回报，喜悦的心情自不必说。

同学们在测量铁器

# 山　东

曾经有学者认为："中国优秀传统文化，包括地域文化、民族文化、民俗文化、宗教文化等。但其中影响最长久、最广泛、最深刻的是齐鲁文化。"2007年、2008年暑期先后有6支实践分团，39名同学在这片齐鲁大地上开展铁质文物的调研宣传活动。他们从泰山之巅到海滨炮台，从繁华都市到偏远郊县，开展了大量的实践活动。短短的十四天，成为了同学们了解铁器、步入社会、收获友谊的重要转折，感慨文物保护现状的同时，更觉任重而道远。回校之后，他们当中的许多人如杨京艳、张衡等投身到成果转化的工作中，继续和其他团的朋友们为铁文化的宣传、铁文物的保护而努力着。

# 行程手记

□ 05级经管　杨京艳

我直接访谈了中国人民政治协商会议章丘市委员会学习提案文史资料研究委员会主任委员翟伯成老师，就章丘的钢铁文化作了深入的探讨。

翟老师透露，章丘虽然是“铁匠之乡”，但是自唐朝以来所有的县志上很少有记载哪位铁匠在章丘留下什么大型的户外铁器，即使是在解放时尚存很多的村口庙间的钟鼎，也有很多在大炼钢铁和全国动乱的年代付之一炬、毁之殆尽。现在从留存下的资料中可以发现，章丘在原来还是有很多铁文物的，尤以铁钟为多，现在也有一些流传在村里乡间。他还回忆起，曾经有一次下乡，有一位老人在卖钟，从一个文物研究者的角度判断，那个钟至少也是清朝铸造的，但是农村人很少有识货的，并且都认为买卖钟很不吉利，这样的一件铁文物仅仅卖一二百，很多的文物贩子就这样钻了空子，将珍贵的文物从农民的手中骗走，让它们流失到海外，给国家和民族都造成损失。实践过程中我还发现一个大型铁钟的遗址——济南长清区虎头山山顶上的钟楼，但是那已经仅仅是个铁钟的遗址了，因为曾经悬挂铁钟的地方已经空荡荡的，周围长满了杂草，关于这口钟的记载是消失在“文革”时期，通过各方查证已经可以确认，那口上千斤重的大钟是在动乱时被毁掉的。

在泰安岱庙调研时，一上城楼，我便与周围的工作人员攀谈，听说我是只身一人走遍鲁西地区调查实践，他们都很吃惊，并给予了大量帮助，其中一位主任给我做了免费导游，为我义务讲解。但是由于铁钟悬挂在离地面一米的高处，无法测量出这个铁钟的实际高度。但是经

泰安吉祥平安钟

过了工作人员的特别允许，我走进了那个护栏，对它进行了零距离的拍摄，并且记录下了这个钟上的铭文。像这样的情况在整个调查过程中举不胜举。

## 实践手记

□ 05级经管　李玉颖

实践中我接触了一点点项目策划的内容，懂得了如何更好地与人沟通，如何更好地分配时间，如何更好地使用身边的有利资源。每一天的计划，每一次与当地部门的交流和沟通，每一次对调查数据的整理和统计，对于第一次独立行动的我来说都是一项挑战，但也正是这样，我才迈开了独立走向社会的第一步。

岱庙五凤楼铁钟

在这个过程中，当我了解到中国铁器文化的灿烂历史时，我感到高兴；当我看到泰禹晓钟被腐蚀剥落时，我感到痛苦。古代铁器是先人留给我们宝贵的历史遗产，从那里我们可以了解到中国文化的发展与演变，学习古人流传下来的炼铁技术，为现代社会的发展起到重要的作用。可是环境的污染和人为的破坏使得大量的铁器已经不复存在了，留下的也只是些锈蚀不堪的近代文物。我想我们应该重视起来，共同保护我们的历史遗产。希望到2008年，中国铁器文物的保护成为世界的一大亮点，吸引成千上万的外国友人前来参观。到那时，我就可以自豪地介绍我们中国古代灿烂的历史文化，让世人都能了解中国古代铁器文化的光辉历程。

# 实践手记

□ 05级经管 杨 琳

经过为期一周的准备和三天的实地调查走访（青岛山炮台和栈桥），我今年的暑期社会实践也接近了尾声。这次实践，让我有机会从“室外铁器”这一角度重新认识青岛这座年轻而美丽的海滨城市。无论是清朝末年还是德占时期，铁器都以其特有的韵味与方式记录着不同年代的沧桑、变革。时光荏苒，今日的铁器终将印上时间老人的足迹，但是那一段段屈辱的历史是决不会因此而被改写和遗忘的。在青岛山炮台遗址公园的展览馆内，我看到一位德国军官曾说过的这样一段话：“中国人绝对不会懂得这种思想方法，道义取得的观念对于他们是绝对陌生的，只有武力才是他们唯一能懂得的语言。如果德国不干脆地取得它所希望或需要的，中国人只会把它看作是一种软弱的表示，而决不会认为是崇高的大无畏的证据。”看到这段话时，我心中激起了一腔爱国的热血。眼前的铁器虽然刻满了外国列强的影子，我们仍应该吸取血的教训，学习钢铁的意志，团结一心，振兴祖国。等到我们的国家真正矗立在世界强国之林时，便是我们雪洗国耻的时刻！

# 济南之行所感

□ 05冶金 张 衡

今天我们早早就起床，准备去灵岩寺进行考察。在汽车上昏昏欲睡了一个小时后终于到达，由于灵岩寺在济南市长清县郊区，乘车不便，所以还得换乘，挤了次三轮，岂是一个“热”字了得！

距离很远，便看到灵岩寺的外围的“迎宾”建筑——一扇大理石门。然后，三轮慢腾腾地继续跋涉了半个小时才到寺庙外，不仅感慨刚才的迎宾建筑实在做得太夸张了，几乎要走出国门了。灵岩寺依山而立，在郁郁

实践团成员济南街头合影

葱葱的山中诵经念佛，倒也清静，无牵无挂，无忧无扰。

不过这儿的票价实在是吓人，每人 45 元，而且没有学生票，据出来的游客说，里面的景色还不足以让你贡献两个小时的时间，不过售票的阿姨倒说，进去之后满山跑都可以，一星期也转不完。

闲话少说，经询问之后，里面的工作人员告诉我们，该寺的铁器文物较少，辟支塔上有铁刹，以及两座铁钟。该寺较小，所以金属的器具也只有一些香炉等。从香炉的色泽及外表锈迹的青绿色来看，应该是铜制的。看过几个，都是铜的。我们根据自己的化学知识推测，因为铁的性质非常活泼，而香炉经常处于高于室温的条件，所以很容易被氧化而生锈；相对来说，铜制香炉使用寿命更长，而且锈迹颜色与铜的青色相近，不会太影响外观，所以即使原先有铁香炉，估计也早已被铜制的取代。铁香炉确实在实用性上要逊色些，这或许也是泰山碧霞祠内铁器文物多被铜器取代的原因。寺内倒是有两座铁钟，不过在钟楼内，由于钟楼年代久远，结构松散，已不允许游人入内观看，而且正在维修中，连拍照都不行。不过接下来才真正接触到铁器。

根据工作人员的指引，我们进入千佛殿内，里面的泥塑佛像栩栩如生，据称乃世界第一，一千尊佛像惟妙惟肖，表情丰富，有的甚至连袈裟的褶皱，额头的皱纹，眼圈中盘旋的泪水，都展现了出来。而为这些人类奇迹作出贡献的，也有那些泥塑内的铁胚。现在展示的只有揭破泥塑后得到的一尊铁胚，而且由于殿内非常暗，照

灵岩寺铁香炉

片质量很差，达不到专业鉴定效果，所以便只作为个人纪念保留。然后我们到了辟支塔。所要拍摄的铁器文物在塔的顶端，塔有十三四层高，而且攀登危险，已不允许游人入内。又由于近处采景不好，所以我们只能在很远处才能拍摄到塔的顶冠上的铁刹。该塔在一山坡附近，而且周围树木较多，所以可采景的角度也很有限，于是我们很无奈，很无奈，甚至有些懊恼，为什么我们的工作总是在与客观条件作斗争，根本没有可回旋的余地！

不过根据辟支塔的具体情况，顶冠上的铁刹如果要被修理几乎是天方夜谭了，或许只有飞人才可以吧，当年建造者的鬼斧神工令一千年后自诩科技空前发达文明无比先进的现代人手足无措，是一个巨大的讽刺，也是一个巨大的启迪。我们还有很多不足之处，要向古人学习，不只是建筑，也不只是铁器的铸造，还有那种时刻上进谦虚的精神。

灵岩寺辟支塔内铁佛

我们的实地考察拍摄工作已经结束了，通过这几天的考察，我们都在思考一些问题：难道铁器时代已经结束了？铁器被取代已经不可避免了吗？会不会有新的材料出现来取代曾经无所不能的铁器（正如铁香炉已被铜制香炉取代）？我们相信，这些不仅是我们的困惑，也是专业人士的工作重点，相信日益提高的技术会给我们答疑解惑，也会带给我们更加舒适的生活。

# 河　北

北京科技大学的19名学生放弃暑期休息时间，秉着对铁器的一腔热情，在河北省的沧州、临城、承德、秦皇岛、涞水、易县、涞源等地开展两周的暑期调研活动。给大型铁器测量摄像、铭刻记录、故事采撷、文保宣传等活动，大家忙得不亦乐乎，在炎热的夏季里留下了自己光辉灿烂的回忆。

实践团成员先后走访河北省各地文物局的文物科、博物馆科、资料室、风景管理处、地方史编辑处，得到一些大型铁制文物的参数报告及文物等级确定的纪年等相关信息。

实践团员在清西陵

# 实践手记

□ 05级冶金　张东辉

作为冶金学院的一名学生，为中国历史上铁器的较早使用而感到光荣，所以怀着一份敬仰之情走访了此次社会实践的三个古代大型铁器遗址藏区——金大定钟（达活泉公园、开元寺）、普彤寺塔刹（南宫市普彤寺）、普利寺塔刹（临城县普利寺），对此进行考察调研，并以此为焦点对周边的历史人文景观进行了解。实践在众人的帮助下圆满结束。

在众多的佛教圣地穿行，感受着佛教的气息，以其胸怀广大，眼见天下无一个不可渡之人深深地折服着。走在通往佛堂的路上，心灵之中溢满着崇敬，感受着涤荡心灵的纯净和执着。其实世间诸事贵在行事之时心中的体会和感悟。佛教的可贵之处就在于凡事首先想到的是他人的好，然后是自己彻头彻尾的反省。说实话，在此次社会实践中有过退缩，在四十度左右的太阳下穿行，坐几小时的车只为走访一个不知道是否存在的事物，有一段时间也感到很恼火，可是每当自己晚上回去看到自己电脑里增加的图片和感悟，看看和自己家人分享自己成就时他们的欢欣，我就重新充满了热情坚定地走下去。

实践中自己最大的收获是在实践过程中发现自己渐渐地成长了，成熟了。其实每个人都在慢慢地学着长大，学着独立地去面对；开始慢慢懂得了坚持，懂得了放弃，懂得了面对；慢慢地了解自己，慢慢地一一完善。在实践中见到了好些许久未见的老同学，也算是意外收获吧。正像《士兵突击》里史班长所说的："人总是要分的，而且还会越分越远，见不着面，摸不着人，想得你抓心挠肝的，可是咱也在长啊，个越来越高，能耐越来越大，到时候想见谁就见谁，总有一天你会发现，从天南到海北就是一抬脚的距离。"

## 实践感悟

□ 06级机械　于德淼

实践之前，我们初步把实践地点定在承德避暑山庄和外八庙。为了防止实践盲目没有目标，提高我们的工作效率，我们联系了承德市文物局，希望从那里得到些资料。我们先后来到文物局的文物科、博物馆科、资料室、风景管理处、地方史编辑处。在那里我们受到过热情的欢迎，也受到过冷落，我们都耐心平和地跟他们讲述我们此次调查的内容和意义，最后我们从那里得到很多信息。我们借阅了许多有关承德历史和地方文物的资料，同时在那里我们也得到许多避暑山庄和外八庙铁器的保存情况，并得到有关人士的指点，这使我们的调查能够事半功倍。

根据文物局有关人士的指引，我们将实践地点选定在了承德避暑山庄、普宁寺和普陀宗盛之庙。我们实践的第一站是避暑山庄，由于我是第一次到那里，所以心怀喜悦。一进大门，我们便进入避暑山庄博物馆，我们在每个展室细心搜寻，博物馆里有大量的铜器、珐琅、蜡像等，就是缺少铁器。我们的收获很小，只在那里找到慈禧太后当年用的铁把手炉。之后，我们又到山庄的其他地方寻找，收获也一般，在山庄的建筑展览中，我们找到了建山庄时用的铁挠子、铲刀、斧头等等。

我们又找到相关人士，他们介绍在山庄博物馆的松鹤斋有铁炮陈列，我们便再一次来到山庄，这次我们直奔博物馆松鹤斋！但是那里的展区只有蜡像，完全没有铁炮的踪影。我们想可能是遗漏了哪些环节。我们推开一个虚掩着的大门，在空旷的院子里静静地躺着两门大铁炮！这是我们此次实践的最大成果，让我们备受鼓舞！

## 沧州东光铁佛寺行程手记

□ 张慧琴团

沧州东光县铁佛寺
重修前的铁佛

当天的游人并不是很多，整个公园我走了一遍后估计当时的游客数量大约在30人左右。大部分以老年人为主，原因可能是铁佛寺正在施工，它的正殿无法进入，很可能因为这个原因使游客数量减少。寺庙的管理人员说，这次施工将要持续到10月份才能完工，不能进入正殿，也就是说我不能看到铁佛。我在说明了情况之后，管理人员同意我进入施工现场，在他的陪同下，我走进瓦砾之中，近距离地拍了一些照片，因为施工的原因，照片被很多施工用的铁管挡住，照得不是很清楚。在寺庙管理员的帮助下，我了解了铁佛寺建造的一些情况，据《东光县志》记载，北宋从太祖开宝到至道年间，大雨频繁，洪水泛滥，死伤者无数。人们为了乞求神力，决定铸塑铁佛，以镇天灾。

## 寻并学习着

□ 05级经管　宋默西

正是因为我对钢铁文化的无知，和对中国历史文化的满腔热情，以及内心中无法控制的茫然和对无法完成任务的恐惧，以上这些因素共同激发了我的潜能——在短期内全面地、高效地、系统地认识一个全新领域的能力。虽然是一门全新的学问，但不能因此而纵容自己在实地考察过程中

河北省石家庄市华北军区烈士陵园烈士纪念牌两侧的铁狮子

的无知，应该首先在心中建立一个行动框架，明确自己想要达到什么目标，应该通过哪些途径完成，并确定先从哪一点切入更优，然后就义无反顾地全身心投入其中。

也许前面陈述活动过程中，活动形式并不丰富，主要是资料的查阅、实地的考察、对专业人士的采访以及最终的整理和总结。但过程的艰难，一点点的积累都是我无法忘怀的！尤其是资料查阅阶段，网上大范围收集，图书馆埋头搜索，许多有关钢铁文化的资料被我一一阅读并整理消化。

我确定的第一个目标是陵园资料馆的馆长，主要是确认这些天来的调查参数的准确性，并尽力揭开铁狮身世之谜，具体采访结果比较满意。第二个确定对象是石家庄地方志办公室主任，由于其工作相当繁忙，我和朋友跑了三趟才最终采访到，还是在再三解释，并出示证件的情况下，对方才答应接受采访的。采访时间持续不长，主要是记录了《石家庄志》中对铁狮子的描述，以及一些文物参数的报告和文物等级确定的纪年等等。虽然收获不多，但艰难的过程让我充分锻炼了自己的临场应变能力，以及面对困难不屈不挠的韧劲和采访一些大人物处变不惊的勇气！

## 保护文物，刻不容缓

06级管理　令狐留华

从清西陵到涞源，花了两个多小时。一路上，车多路窄。我们带着疲惫到了涞源，我们没有因为疲惫而耽误时间，找了家廉价的旅馆，把行李放好。带着有关的资料，我们便开始寻找飞狐大钟所在的位置。虽说大铁钟在县城，但县城也不小，经过多方的询问，我们找到要考察的最后一个任务。

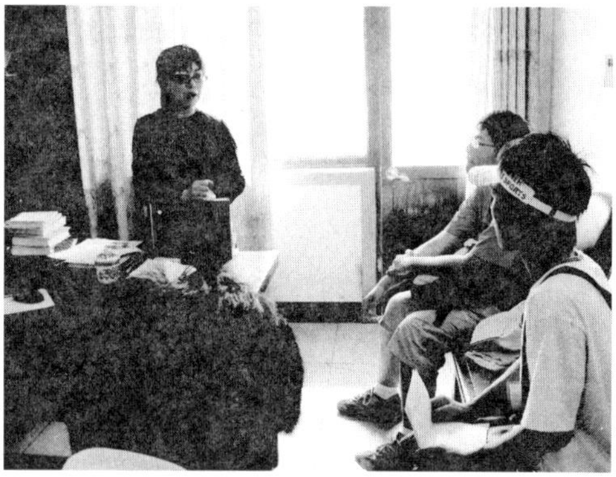
实践队员们在向文物保护工作者请教

然而很多事情出乎我们的意料。阁院寺围墙边有一大堆垃圾，门口的路凹凸不平，大门是关着的。等我们进去后才发现阁院寺破烂不堪，钟楼已不复存在，只剩一大片荒废的地，长满了野草。虽说阁院寺的大铁钟保存至今还算完整，但经过的时间长久，已经锈迹斑斑，还有几处被严重破坏。据了解发现，这里还遭受过日本侵略者的洗劫。没人参观的时候大殿的大门紧锁着，进到大殿发现佛像已经消失了，仅剩后来挂上去的佛像图。原来的大钟是挂在钟楼上的，由于钟楼年久失修，在 20 世纪 90 年代倒塌，之后有段时间就放在地上，后来才把铁钟挂起来。

看到眼前的景象，无论是谁都能感到一种莫名的伤感。想当年，门庭若市，香火旺盛。而今呢？人烟稀少，没人来参观；垃圾泛滥，也没人来治理。

涞源县飞狐大钟

之前考察的塔和铜梁铁柱都遭受过破坏，当然有人为的，也有天灾。原以为阁院寺的大铁钟命运会比这些遭遇好，结果呢？有点大失所望。天灾不可怕，可怕的是人祸。不容置疑大多数人的素质还是不错的，但有个别的人对文物进行无情地破坏，人虽少但破坏大，使得文物不可修复，我们应该加强对那些人进行保护文物意识的教育。周围的环境好坏也会影响文物，有关人员应该及时地处理周围的垃圾等等。

如今，文物虽然很多，但没遭受破坏的几乎没有，尤其是铁质文物，其破坏是很难修复的。铁质文物保存古代先进的冶炼技术，有的还是我们至今都没有掌握的，对这样有研究价值的东西，我们更应该加强保护。通过调查发现很多人认为保护文物是大家应尽的义务，但对于文物本身了解甚少，有关人员应该加强对历史的宣传！作为国家级文物遭受如此的冷落，我觉得保护文物刻不容缓。

作为考察铁器的团队之一，我们也有义务呼吁大家一起来保护文物。只要人人心里有保护文物的意识，文物的命运就将会更美好。

考察队员与文物保护工作者在一起

下

XIA

# 调研篇

在“指南针计划——中国古代生铁发明创造价值挖掘与展示”试点项目的支持下，在大量调研数据和资料整理、统计、分析的基础上，我们分析了中国古代大型铁质文物分布特征，建立了铁质文物损害分类，分析了大型铁质文物的典型病害现象，阐释了我国铁质文物的文化价值。研究发现目前铁质文物由于自身材质缺陷、存放环境受限、修复手段不当、历史社会变迁、宣传科普薄弱、管理资金不畅等原因，存在文物病害严重、文化缺失明显、文物价值长期被低估等诸多问题。在此基础上，我们探讨了在目前政治经济条件下开展铁质文物科学保护与利用的建议，为相关部门、单位和科研人员提供参考，并希望借此项目进一步扩大铁质文物保护的宣传力度，提高民众的保护意识，为我国传统文化的研究和传承作贡献。

# 中国古代大型铁质文物保护现状及其文化价值调研报告

## 1 项目综述

### 1.1 项目背景及意义

中国古代冶铸技术特别是生铁及生铁炼钢技术在中华五千年文明发展与传承中起着极为重要的作用。国际著名冶金史专家柯俊院士曾说："从生产力的发展来看，在公元前5世纪到20世纪80年代的2500年中，农业和钢铁是人类历史和文明发展的基础，钢铁又是农业和国民经济发展的决定性物质基础。15世纪以前，中国独特的、唯一的、世界最早的生铁与生铁炼钢技术奠定了中国古代文明以至于现代文明的基础。"中国古代大型铁质文物是中华民族悠久灿烂文化的重要结晶，是珍贵的历史文化遗产。生铁冶炼遗迹与铁质文物，既反映了古人冶炼、铸造和加工工艺的成就，又反映了当时管理模式、经济制度、资源配置、文化交流等社会概况，凝结了古人卓越的智慧，蕴含了众多创造创新思想，对此文化遗产的保护是实现人与自然和谐发展，经济、社会、文化全面、协调、可持续发展的重要内容。

而如今，由于多方面的原因，多数大型铁质文物遭到不同程度的损坏和丢失，人们对铁文化的价值长期低估。运用现有的科技手段，对铁质文物进行监测研究，寻求科学保护方法，提升铁文化在社会中的地位与作用，是当前文物保护工作者面临的重大任务。作为肩负时代使命的大学生，利用专业知识，协助完成对大型铁质文物的调研监测，扩大铁文化的影响，引起社会对保护铁质文物的重视是我们义不容辞的责任。

2007年，国务院出台了《国家“十一五”时期文化发展规划纲要》，全面开展第三次全国文物普查工作。同年，在我校冶金与材料史研究所多位专家的指导下，配合国家“十一五”科技支撑计划“铁质文物综合保护技术研究”项目的进行，我们组建了中国古代大型铁质文物调研团，在全国开展历时两年的大型铁质文物的保护现状及其价值的调查研究。2009年，在“指南针计划——中国古代生铁发明创造价值挖掘与展示”试点项目的支持下，我们重新对近两年的调研成果进行整理分析，形成此稿。

## 1.2 项目研究思路及方法

### 1.2.1 调查研究思路

#### 1.2.1.1 项目实施计划

本项目参与学生分为项目组和实践团两部分，项目组主要负责项目的策划和整体推进，实践团由项目组招募面试，赴全国各地进行实地调研，调研完成后择优自愿进入项目组完成成果转化工作。

此次项目实施共分前、中、后三期进行。前期（2007年3～6月）主要完成项目策划、调研人员招募及培训等准备工作；中期（2007年7～8月、2008年7～8月）集中利用暑期，完成对我国大型铁质文物的实地调研和问卷调查；后期对所获得的数据、资料进行整理、分析。其中，2008年暑期主要在2007年所调查、整理的基础上，扩大其他调研范围，并对部分记录不详的文物数据、资料进行实地补查。

#### 1.2.1.2 调查方式设计

前期通过查阅文献资料、咨询文物专家、搜索网络资料，了解到我国大型铁质文物主要分布于各省市寺庙、古塔、炮台等处，地点分散，数量多。项目组决定采用大学生社会实践的形式进行实地调研，根据各地铁质文物存放数量，将组团实践和个人实践相结合，集中暑期时间开展实地调查活动。

1.2.1.3　调查内容设计

调查员可通过咨询地方文物主管部门、博物馆、景点管理人员、民众获取大型铁质文物的相关资料，并需查阅地方志及艺文记载，为了解文物的保存环境，除实地勘察外，还需走访气象局等单位获取如空气主要污染物、年降水量、日照时间等气象数据。为规范调研数据的取得，在专家们的指导下，项目组设计了中国古代大型铁质文物调研参数表、中国古代大型铁质文物民众保护意识调查问卷。参数表每件铁质文物一份，调查问卷将根据调研地情况，每地 200 ～ 300 份，调查当地居民、游客等不同人群。调查员需获取大型铁质文物名称、年代用途、规格参数、铭刻纹饰、病害状况、存放环境状况等数据，并拍摄大型铁质文物照片或视频，了解当地政府、文物部门、民众对古代大型铁质文物保护的认知度。同时，举行不少于一场的古代大型铁质文物宣讲及宣传单发放活动，扩大铁文化的宣传。

在实践地搜寻史志资料

1.2.1.4　调查地点选择

经了解，北京、河南、河北、山西、山东等地为我国大型铁质文物存放较多的省份，云南省的南诏铁柱等大型铁质文物也在国内文物界享有盛誉，在与专家学者的商议下，选择了北京、河南、山西、山东、陕西、安徽、辽宁、河北、云南、湖南、广东、甘肃、四川、天津、福建、江苏、浙江共 17 个省市作为此次实地调研地。

1.2.1.5　调查员招募

项目团面向全校招募调查员，以冶金、材料专业的学生为主，并优先考虑家乡所在地与铁质文物存放地一致的学生。面试选拔后，统一由文物专家、指导教师等对其进行有关铁质文物基础知识、调研方法等方面的培训，项目组制作发放调研手册。

1.2.1.6　预计成果

（1）建立古代大型铁质文物资料卡。详细记录每一个文物的相关参数，一方面为后期报告撰写提供基础资料，另一方面为国家科技支撑项目“铁质文物综合保护技术研究”提供参数、图片等资料，也为全国大型铁质文物的普查工作提供基础性数据；

（2）撰写调研报告。总结古代大型铁质文物保护现状，针对目前大型铁质文物病害标准缺失，着重研究其病害状况及其病害分类，对大型铁质文物所蕴含的历史、艺术和科学价值进行阐释，针对大型铁质文物保存和利用中的问题提出意见和建议，供各级文物保护部门和技术人员参考；

（3）挖掘新的宣传形式。铁质文物常因外观不够吸引观众，在展示方面显得捉襟见肘。计划通过制作文物卡片、创办专题网站、汇编宣传画册、制作宣传视频、开展巡回展演、进行校内外宣讲交流活动等方式，积极宣传铁文化，进一步增强民众对大型铁质文物的认知及保护意识。

### 1.2.2　调查研究方法

通过专家采访、实地考察、问卷调查、文献资料收集、民众访谈等多种形式对大型铁质文物的规格参数、病害状况等方面进行翔实的调查。后期通过对资料的整理分析，运用文献法、分类法等方法进行调研成果总结分析，撰写调研报告。

1.2.2.1　专家采访

调查员主动联系各省市县地方文物局、博物馆等专家及管理人员，了解各地方铁质文物的存放状况、保护措施以及综合治理状况等，整理访谈记录。

1.2.2.2　实地考察

在所负责区域范围内，调查员对大型铁质文物进行实地测量和勘察，详细填写中国古代大型铁质文物调研参数表，搜集艺文记载、民间传说等资料，并拍摄照片或影像资料存档。

1.2.2.3　问卷调查

按前期设计，完成规定份额的问卷调查，后期进行数据统计分析，了解民众对铁质文物保护的态度和意见，反映民众文物保护意识及存在的问题。

1.2.2.4　文献资料收集

通过查阅地方志、出土报告、相关学术研究论文等文献资料，详细了解调研地区铁质文物的人文环境及其存放环境、历史文化背景等情况，与实际调研情况进行讨论分析。

1.2.2.5　民众访谈

在调查问卷的基础上，对当地文物管理者、民众、旅游者分别进行访谈，一方面补充铁质文物背后故事及其文化变迁等资料，另一方面有针对性进行加强大型铁质文物价值认知及其保护意识的宣传。

1.2.2.6　调研结果整理分析

在上述五项方法的基础上，对获取的第一手资料进行数据资料的整理。运用分类法、类比法等进行研究，撰写调研报告，并逐步完成文物视频、画册、卡片、网站的制作。

对数据进行系统的整理

# 1.3 项目创新点及难点

## 1.3.1 项目创新点

### 1.3.1.1 项目研究理念创新

以学习实践科学发展观为指导，结合全国第三次文物普查，以中国冶铁史为脉络，以铁文化在中华五千年文明史中的作用为研究导向，立足实践、深入调研，将实践与理论结合，突出“文物保护”理念。

### 1.3.1.2 项目研究对象创新

国内有较多关于铁器本身的研究，但针对大型铁质文物及其在历史、社会中的作用研究较少，全国普查资料以及科普宣传性文献更为少见，此篇调研报告以及已经完成的卡片画册、网站视频等将可在一定程度上弥补此项不足。

### 1.3.1.3 调研方式方法创新

首次以大学生社会实践的形式在全国范围内开展大型铁质文物的实地调研，用最小的投入在同一时间开展了最大范围的调研；前期各项准备注重数据获取的科学性、完整性；改变以往以调查问卷为单一手段，增加了以文物参数表为基础、实地测量、拍照摄像、访谈等相结合的方式，既有权威机构支持，也有资深专家指导，集调研学习、宣传保护于一身。

### 1.3.1.4 报告内容填补空白

以实地调研所获取的第一手资料为基础内容，着重探讨大型铁质文物病害状况，强化文物变迁、周边环境、历史价值、艺术价值、科学价值等文化内涵，其有关古代大型铁质文物病害分类在国内尚属首次，对其历史、艺术、科学价值的初探也弥补了现有研究的不足。

### 1.3.1.5 创新展示宣传形式

将当地宣传与他地宣传相结合，将短时宣传（如传单、宣讲）与长时宣传（如网站、画册）相结合，挖掘铁质文物展演新形式，一定程度上弥补了大型铁质文物展览数量上及展演方式上的不足。

### 1.3.2 项目难点

一是本项目学术性高，对实践团成员的历史、冶金、材料加工等基础知识要求甚高，要求成员具有科学、严谨的态度；二是此项调研需对全国各省、市、自治区所藏大型铁质文物进行普查，两年中共涉及全国 17 个省市 101 个地县市 207 件大型铁质文物，覆盖范围广，调研样本多；三是每件文物都需要详细记录其形貌、技术参数、铭文内容等数据资料，并且拍摄图片或影像，后期整理统计任务繁重；四是有关此项目的文献资料多而冗杂，但系统性资料较少，调研定点难度高。本项目主要由非文物研究相关专业的本科生参与，克服上述诸多困难完成。

# 2　古代大型铁质文物保护现状调查研究

## 2.1　中国部分地区古代大型铁质文物的分布概况

调研搜集铁质文物总计207件，分布在北京、山西、山东等17个省市，文物类型根据其形貌可分为铁炮、铁钟、铁香炉（缸）、铁人（佛）、铁狮子和铁塔（刹）等。表1所列是按地区和文物类型所做的统计（详见附录3）。

表1　各省市各类型大型铁质文物统计表

| 类型<br>地区 | 铁炮 | 铁钟 | 铁狮子 | 铁人（佛） | 铁塔（刹） | 铁香炉（缸） | 其他 | 总计 |
|---|---|---|---|---|---|---|---|---|
| 北京 | 22 | 16 | 1 | 2 | — | 2 | 2 | 45 |
| 河北 | 5 | 5 | 1 | 1 | — | — | 5 | 17 |
| 天津 | 1 | 2 | — | — | — | — | — | 3 |
| 辽宁 | — | 3 | — | — | — | — | — | 3 |
| 陕西 | 0 | 11 | — | 3 | 1 | — | 1 | 16 |
| 山西 | 4 | 13 | 11 | 10 | 3 | 7 | 4 | 52 |
| 山东 | — | 6 | 1 | 2 | 4 | 2 | 5 | 20 |
| 浙江 | 3 | — | — | 4 | — | 1 | — | 8 |
| 四川 | — | 2 | — | 1 | — | — | — | 3 |
| 河南 | 1 | 7 | 1 | 1 | 2 | — | 10 | 22 |
| 安徽 | — | 1 | — | 0 | — | — | — | 1 |
| 广东 | 1 | 1 | — | — | 1 | — | — | 3 |
| 江苏 | 4 | — | — | — | — | — | — | 4 |
| 湖南 | 1 | — | — | — | — | 1 | 3 | 5 |

续表 1

| 类型<br>地区 | 铁炮 | 铁钟 | 铁狮子 | 铁人（佛） | 铁塔（刹） | 铁香炉（缸） | 其他 | 总计 |
|---|---|---|---|---|---|---|---|---|
| 云南 | — | — | — | — | — | — | 1 | 1 |
| 福建 | — | — | — | 1 | — | — | — | 1 |
| 甘肃 | — | 0 | — | — | — | 1 | 2 | 3 |
| 总计 | 46 | 64 | 15 | 21 | 12 | 15 | 34 | 207 |

由表 1 可知，铁质文物大多分布在古代文化繁荣地区，207 件铁质文物中山西省 52 件（25.12%），北京市 45 件（21.73%），河南省 22 件（10.63%）；南方地区如福建、安徽、云南等地较少。

表 2 展示了所调研文物不同朝代数量差异。从表中可见，现存明清年间的文物共 137 件，占了总调研文物数量的 66.18%。不同朝代的铁质文物类型也有差别，如铁人（佛）在明朝以前铸造较多，共 20 件，占所调研铁人（佛）的 86.96%；铁炮在明清年间铸造较多，为 47 件，占所调研铁炮的 95.91%。这也反映了时代特征，如明清年间，战争中冷兵器的运用逐渐减少，火器作用日盛，在这样的政治和军事因素的推动下，铁炮大量制造使用，同时由于年代较近，才保存下来。

**表 2　现存不同朝代大型铁质文物数量统计**

| 类型<br>朝代 | 铁炮 | 铁钟 | 铁狮 | 铁人（佛） | 铁塔（刹） | 铁香炉（缸） | 其他 | 合计 |
|---|---|---|---|---|---|---|---|---|
| 清　朝 | 31 | 17 | 1 | 1 | 1 | 3 | 14 | 68 |
| 明　朝 | 16 | 27 | 12 | 1 | 4 | 2 | 5 | 67 |
| 明清年间 | — | 1 | — | — | — | — | 1 | 2 |
| 宋元年间 | — | 17 | 3 | 13 | 4 | 0 | 3 | 40 |
| 宋朝以前 | — | 2 | 1 | 7 | 2 | 1 | 4 | 17 |
| 不详类 | 2 | 2 | — | 1 | 1 | 3 | 4 | 13 |
| 合　计 | 49 | 66 | 17 | 23 | 12 | 9 | 31 | 207 |

## 2.2 古代大型铁质文物病害状况调研

### 2.2.1 古代大型铁质文物病害分类

2004年，国家文物局启动了“全国馆藏文物腐蚀损失调查”项目。但截至目前还没有金属、石质、陶瓷、纸质、纺织品、竹木漆器以及包括象牙、馆藏壁画、皮革、骨器在内的七大类文物的腐蚀损失正式分级标准出台。因此在相关专家的指导下，在对调研结果分析、统计的基础上，我们对大型铁质文物病害的定义及分类方法进行了探索。

#### 2.2.1.1 定义

我们将铁质文物病害定义为由于人为或自然病因介质（大气、水分、土壤等）的存在，通过一定的过程（物理、化学、生物变化等），造成外观出现一定变化（缺损、异位、污损、锈蚀等），并达到一定程度（轻微损害、一般损害、严重损害、损毁）的损害。

#### 2.2.1.2 相关说明

关于铁质文物病害需要说明的是：(1) 铁器制作过程产生的缺陷不是文物病害；(2) 文物病害是因为物理、化学、生物等因素造成的损害；(3) 铁质文物病害与铁质文物腐蚀不同。

#### 2.2.1.3 分类标准

铁质文物的病害状况可以根据不同分类标准分为多种类型，我们主要从外观、病因、病理、受损害程度四个角度对铁质文物病害进行分类，具体如表3所示。

### 2.2.2 典型铁质文物病害现象分析

大型铁质文物的病害按照病理可分为物理病害、化学病害、生物病害、综合病害，本文在整理分析调研数据的基础上，统计了116件铁质文物病害状况，见表4（详见附件4）。

表 3　铁质文物病害状况分类表

| 分类标准 | 类　别 | 主要现象 | 相关案例 |
| --- | --- | --- | --- |
| 按照外观分 | 缺损病害 | 残缺、断裂、孔洞 | 河南登封少林寺铁锅（图 1）发生了残缺和断裂；存放于河南登封中岳庙寝殿铁钟（图 2）钟顶内部有明显的烧痕；河北沧州铁狮（图 3）腿部则发生了通体锈蚀 |
| | 异位病害 | 裂纹、变形、瘤状物 | |
| | 污损病害 | 烧痕、涂画、磨损 | |
| | 锈蚀病害 | 点状锈蚀、层状锈（片腐蚀）、面锈蚀、通体腐蚀 | |
| 按照病因分 | 人为造成病害 | 保护意识缺位、保护环境不当、保护方法失当、特殊情况故意破坏 | 河南郾城镇水铁牛（图 4）用水泥补块造成了裂纹；“文革”期间试图拉倒周口关帝庙铁旗杆（图 5）而产生了断裂 |
| | 自然造成病害 | 大气、水、土壤、动植物等对铁质文物造成的侵蚀 | 由于雨水的直接浸蚀使存放于扶沟县博物馆的铁钟（图 6）受损严重，铭文逐渐锈蚀不清 |
| 按照病理分 | 物理病害 | 残缺、断裂、孔洞、裂纹、变形、瘤状物 | 由于长期间隙式压力，使河南临颍小商桥桥面腰铁（图 7）产生了变形 |
| | 化学病害 | 点腐蚀、片腐蚀、面腐蚀、通体腐蚀、烧痕 | 周口关帝庙铁旗杆（图 8）有明显的层状锈蚀（片腐蚀），其局部出现离层，某些部分已以块状的方式脱离；面锈蚀是指在铁器表面以相同的速度在整个金属表面同时进行腐蚀，如河南登封少林寺方丈室铁钟（图 9） |
| | 生物病害 | 微生物浸蚀 | 植物生长在铁质文物中，加速腐蚀过程，导致铁器基础不牢靠，如潢川陕西会馆铁旗杆（图 10） |
| | 综合病害 | 应力腐蚀、触摸损害、涂画 | 登封中岳庙铁人（图 11）脚面因长期手摸字迹磨损；河南洛阳鼓楼灵钟（图 12）多有涂画 |
| 按照损害程度分 | 轻微损害 | — | 具体量化标准仍待研究 |
| | 一般损害 | — | |
| | 严重损害 | — | |
| | 损　毁 | — | |

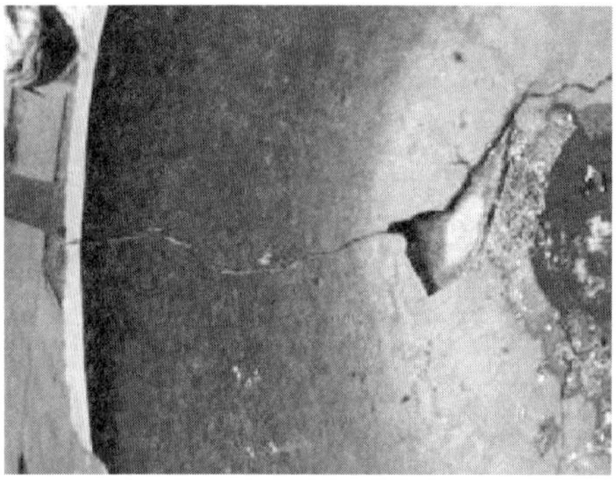

图 1 铁锅（局部）
河南登封少林寺

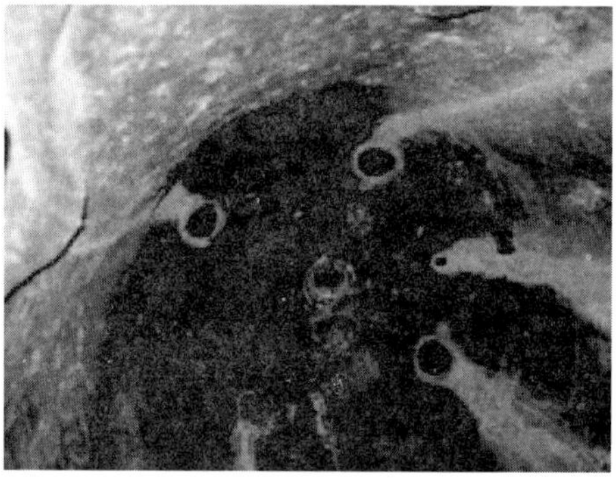

图 2 铁钟（局部）
河南登封中岳庙

图 3 铁狮（局部）
河北沧州

图 4 镇水铁牛
河南郾城

图 5 铁旗杆（局部）
河南周口关帝庙

图 6 铁钟（局部）
河南扶沟县博物馆

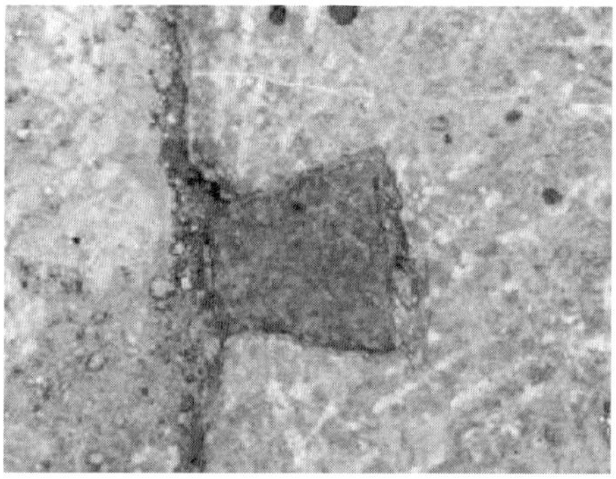

图 7　腰铁
河南临颍小商桥桥面

图 8　铁旗杆（局部）
河南周口关帝庙

图 9　铁钟（局部）
河南登封少林寺方丈室

图 10　铁旗杆
河南潢川陕西会馆

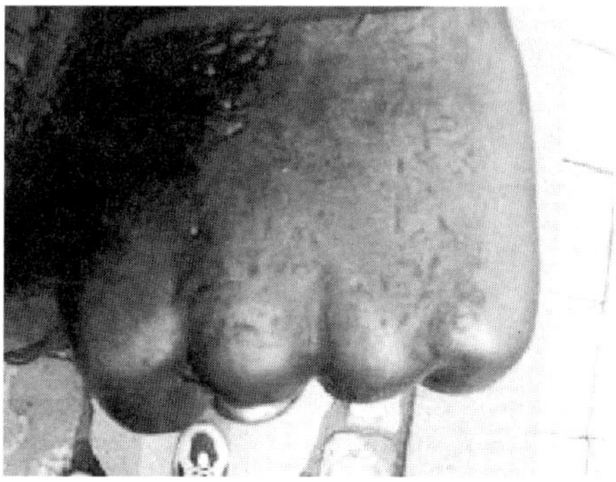

图 11　铁人脚面
河南登封岳庙

图 12　灵钟（局部）
河南洛阳鼓楼

表4　116件铁质文物病害状况统计表（按病理分）

| 病害种类 | 物理病害 | 化学病害 | 生物病害 | 综合病害 |
|---|---|---|---|---|
| 病害文物数量 | 40 | 104 | 7 | 11 |
| 所占百分比 | 34.48% | 89.66% | 6.03% | 9.48% |

各类病害性状表现不一，下文选取了四类典型铁质文物病害现象予以讨论：残缺断裂（属物理病害）、表面锈蚀及脱落（属化学病害）、生物滋生（属生物病害）、刻划污损（属综合病害）。

2.2.2.1　残缺断裂

此类现象表现为铁质文物在存放、使用或搬运过程中，因撞击或受力不均匀等原因而造成裂纹或裂缝，严重时则会出现断裂，久之则断裂部位出现缺失，属物理病害。如果出现缺失，那么文物的完整性就受到直接损害。

如山东岱庙铁狮（图13）颈部和山西晋祠铁人（图14）身上出现裂缝；北京大钟寺里的密云铁钟（图15）部分钟耳缺失；陕西太白山上的铁佛（图16）有的手臂缺失，有的没有佛头。

图13　铁狮（局部）
山东岱庙

图14　铁人（局部）
山西晋祠

图15　密云铁钟
北京大钟寺

本次调研发现，此类病害多见于铁塔的塔身和底座、铁狮的颈部和底座、铁缸的底座以及铁人的铁身，而在铁炮和铁钟上则较为少见。

2.2.2.2 表面锈蚀及脱落

此类现象以表面锈蚀和锈蚀脱落为特征，既有从某一点展开的点锈蚀，也有呈鱼鳞状的片锈蚀，严重的即出现层状脱落，还有整个表面均匀呈现的面锈蚀，属化学病害。

如山东碧霞元君祠内的铁香炉（图 17），在其表面既有轻微的通体表面锈蚀，又有局部严重的点状锈蚀；又如太白山上寺庙屋顶的铁瓦（图 18），其表面的点状锈蚀极为严重，已形成了层状脱落和锈蚀穿透形成的孔洞；在某些铁钟上也可见到层状脱落的现象，如河北涉县八卦钟（图 19）。

图 16 铁佛
陕西太白山

图 17 铁香炉（局部）
山东碧霞元君祠

图 18 铁瓦
陕西太白山上寺庙屋顶

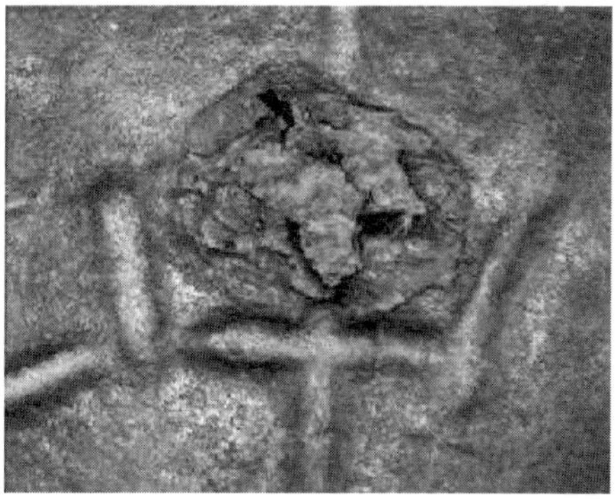

图 19 八卦钟（局部）
河北涉县

2.2.2.3　生物滋生

此类现象表现为在文物的某些部位的沉积物上滋生出苔藓或其他生物，一般多在铁质文物表面凹凸不平处、残损处出现，属于生物病害。

如江苏南京“耀威大将军”铁炮（图 20）在炮口处有淤泥堆积，淤泥中长出了许多苔藓；又如山西长治市城隍庙中的铁炮，其炮眼中存有积水并长出了苔藓。

2.2.2.4　刻划污损

此类现象是指由于人为的刻划或是污损，导致铁质文物的腐蚀、损坏速度加快，表面审美形象破坏，属综合病害。例如山东聊城市莘县古城镇镇政府外的铁钟（图 21）被人多处涂画。

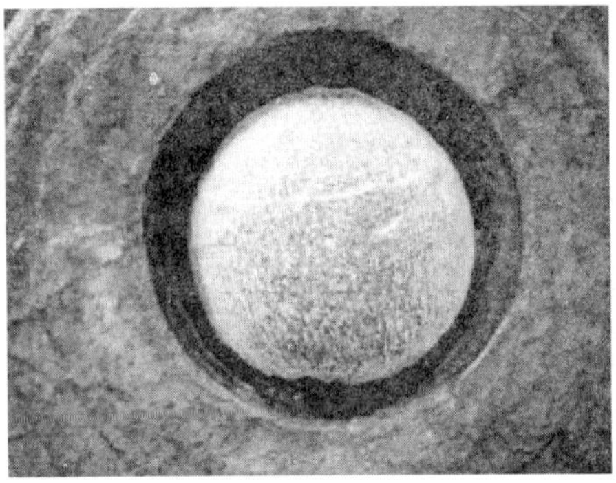

图 20　“耀威大将军”铁炮
江苏南京博物院

图 21　铁钟（局部）
山东聊城市莘县古城镇

## 2.3　古代大型铁质文物丢失状况统计

本次所调研的铁质文物历史悠久，少则有上百年历史，多则上千年。文物是一个国家的历史，与国家的命运息息相关，文物的丢失在一定程度上等于一个国家历史的断代。

我国古代大型铁质文物丢失原因一般有二：一是由于历史原因，如“大跃进”时期，因“大炼钢铁”致使部分铁质文物被熔成铁水而损失严重，加之“文化大革命”时期在“破四旧”行动中被毁坏，甚至连同存放的寺院等一起被毁；二是由于部分铁质文物具有相当的经济价值，不法分子偷盗现象猖獗（表5）。

表5　已调研大型铁质文物丢失状况一览表

| 文物名称 | 存放地点 | 丢失原因 |
|---|---|---|
| 原起寺塔顶铁人 | 山西省潞城市凤凰山巅 | 被盗 |
| 仲子庙铁香炉 | 山东济宁市微山县仲浅村 | 被盗 |
| 太白山铁佛（原110余尊，现存不到10尊） | 陕西省太白山国家自然保护区大爷海 | 被盗 |
| 海会寺大塔的铁塔刹 | 山西润城 | 被盗 |
| 开化寺连理塔内铁佛 | 山西省太原市西南蒙山山脚 | 寺庙现已不存在或被毁 |
| 铁佛寺铁佛 | 河南省开封市通许县大岗李乡铁佛寺村 | 寺庙现已不存在或被毁 |
| 海会寺铁钟 | 山西润城 | “大跃进”时期被熔 |
| 孤山铁塔 | 陕西省府谷县 | “文革”被毁 |
| 商山庙大铁钟 | 河南省洛阳市洛宁县罗岭乡商山坡 | “文革”被毁 |

## 2.4　古代大型铁质文物文化价值认知

众所周知，文物的价值包括历史、艺术和科学价值等。调研发现，大型铁质文物作为古人智慧、劳动和民族精神的结晶，蕴含着独特的历史、艺术和科学价值。我们在调研中对部分铁质文物蕴含的价值进行了解读、研究和阐释。

### 2.4.1　铁质文物在中国古代社会中的重要作用

#### 2.4.1.1　铁质武器推动政事发展

我国大约从春秋中期开始步入铁器时代，自此奴隶社会也逐步过渡到了封建社会。在漫长的封建社会中，不同的政治集团为各自利益不断地进行刀光剑影、炮火硝烟的争夺，其中武器的先进与否就成为能否成功的关键。自钢铁用于制造武器并应用于战争后，在金戈铁马的战场上，铁剑、钢斧、大刀和火炮无一不见证着历史的更迭。

战国之后，冶铁技术不断进步，大大提高了铁兵器的硬度和韧性，促进了铁兵器的发展。据历史记载，汉朝以后采用了生铁冶铸、铸铁脱碳钢、灌钢、炒钢等生产效率高、产品质量好的先进工艺，使铁兵器逐步增多，出现了批量生产。到东汉时，主要的兵器全部为钢铁所制，从而完成了兵器的铁器化进程。

元朝时开始有火器出现，自此铁炮在战争中开始占据很大分量，主要用于远攻和进行强攻击力的战斗。自明朝以后，火器进入了一个迅速发展的时期，《神器谱》上详细记载了明末制鸟铳工艺，用熟铁打造，质韧而坚。

铁器的刚硬锋利、易于打磨成为武器史上的一大特点，尤其在中国军事思想中，追求刚柔并重是铁制武器发展壮大的重要原因。这种更具杀伤力武器的出现使得战争越发频繁、越发残酷、越发不可避免，从而使得朝代的更替进入了一个更快速的阶段。

#### 2.4.1.2　新式工农具促进经济繁荣

在农业时代，冶铁业的发展是生产力进步的重要标志，它有力地推动着整个中国社会生产力的进步和生产关系的变革。

战国以后，由于冶铁技术的进步，社会经济制度的变革，社会上对铁器需要量的增加，使得铁矿的开采，铁的冶炼和铸造成为关系国计民生的重要行业。据战国时代的《山海经》记载，战国时代各国都有冶铁手工业，包括齐、楚、燕、韩、赵、魏、秦七国的战国中期遗址，都有铁器出土，且种类多，数量大。至秦汉时期，铁器和冶铁技术在广大地区已经得到了广泛的传播和使用。铁农具的普及在很大程度上促使了生产力的飞跃。犁镢等新式农具的开发和利用大大促进了农业的发展，无论从农作物产量还是生产效率上来讲，农业生产都进入了一个相对辉煌的阶段。

从农业的发展史来看，铁制农具的出现使得农业开发的速度明显地加快，并使黄河流域得到全面开发，大型农田灌溉工程相继兴建。铁制农具的普及使得精耕细作技术的发展获得新的坚实基础。自魏晋南北朝开始，建立在南方农业对北方农业历史性超越基础上的全国经济重心的南移，很大一个原因就是“灌钢”技术的发明和使用提高了铁农具的质量。自此农业中心开始扩展，水田耕作农具、灌溉农具等均有很大改进，中国封建社会达到了经济繁荣，农业兴盛的局面。

铁器作为一种新的生产工具，为开发山林，扩大耕地，发展水利交通，促进社会生产创造了便利条件。正是铁制农具的出现使得古代中国能够成为一个繁荣富庶的国家，中华民族成为一个拥有千百年文明历史的伟大民族。铁器在农业上的应用加快了中国农业手工业的发展，成就了众多盛世的繁荣景象，是中国历史发展进步的一支有效的催化剂。

#### 2.4.1.3 民俗宗教用具彰显文化底蕴

随着冶铁炼钢铸造技术的发展和生产技术的不断进步，在隋唐以后，大量的大型室外铁器的铸造成为一个热点及工匠们突破工艺的一个技术难点。很多不可思议、巧夺天工的铁器留存至现在，其技术含量让很多科学技术研究者至今都费解。很多具有传奇色彩的物品，例如镇河镇海之物、寺庙宗教物品，其工艺水平让我们备感震惊。

迄今为止有很多代表中国传统文化尤其是宗教文化的器物，如古刹佛像、钟鼎香炉等，都体现了中华民族几千年来历史的沉淀，代表了中国源远流长的铁器文化，更代表了中国人民不可小觑的智慧。

中国境内现存的室外大型铁器多为铁塔、铁佛像、铁香炉、铁钟等，大多凝聚了一种信念或传说，如沧州的五代铁狮、当阳的北宋铁塔、北京大钟寺明代的大钟等。这些铁质文物上面的每一个信息都是文史研究上值得探究的问题，从它的铸造年代、铸造方法等，每一处都体现了当时的历史文化背景，展现着引人深思的奥秘。

## 2.4.2 中国古代大型铁质文物的价值

### 2.4.2.1 历史价值

我国古代的铁器是在特定的历史、经济、社会条件下形成的具有特殊内涵的文物，反映了当时社会关系、社会生产、社会生活、社会文化等各方面的情况，具有补充历史记载的作用，在研究我国古代政治史、经济史、思想文化史方面具有重大意义。

大型铁质文物上常铸刻有铭文和纹饰，能较为直观地反映当时人们的社会活动和思想意识以及社会政治、文化等各个方面的特征。大型铁质文物的铸造一般有其特殊的历史背景，如唐代统治者大力推崇佛教，佛教建筑物在当时大量铸造，遗留下来的铁佛也较多。

现存放于广州博物馆、铸于清朝初年的平南王铁钟（图 22），其钟身铸刻着铭文 164 字，保存了平南王尚可喜在顺治初年攻占广州城时所采取的军事行动的部分实情，较为确凿地揭示了清朝开国之初岭南宗教信仰的变化趋势，是研究清朝珍贵的史料。

飞狐大钟（图 23）铸于辽末，是我国现存唯一有明确纪年的辽代大铁钟，钟身铸有铭文（汉、梵两种文字），共 1200 多字，部分铭文是《金刚经》，55 字梵文的经刻较为罕见。它既是我国古代留存下来的一件艺术珍品，也是研究我国辽代历史以及佛教文化弥足珍贵的资料。

河南镇河铁犀（图 24）背部上刻有铭文[1]，为于谦所撰，对于当时政治以及文学状况的研究有重要的意义。存放于北京大钟寺的明永乐铁更钟（图 25），其上铸有 23 万余字，其中《大明神咒回向》的“十二大愿”中

[1] “百炼玄金，溶为金流。变幻灵犀，雄威赫奕。填御堤防，波涛永息。安若泰山，固若磐石。水怪潜形，冯夷敛迹。城府坚完，民无垫溺。雨顺风调，男耕女织。四时循序，百神效职。亿万闾阎，施之衽席 。惟天之俯，惟帝之力 。尔亦有庸，传之无极。”

图 22　平南王铁钟
广州博物馆

图 23　飞狐大钟
河北保定阁院寺

图 24　镇河铁犀
河南开封铁牛村

图 25　永乐铁更钟
北京大钟寺九亭钟园

"惟愿皇图万世隆，惟愿国泰民安乐"、"敬愿大明永一统"，把"大明永一统"作为最终理想，表明了希望利用佛教达到"政教合一"的思想。

这些大型铁质文物，既是我国开展历史研究的重要实物资料和科学研究的珍贵教材，同时也是博物馆等文物收藏机构的收藏珍品。在我国社会主义物质文明和精神文明的建设中，具有重要的作用。

2.4.2.2　艺术价值

铁器艺术是冶铸技术不断发展的产物。调研发现，许多大型铁质文物造型精美，花纹铭刻繁复。

图 26　鼓楼大钟
天津博物馆

现存放于天津博物馆、铸于天德五年的鼓楼大钟（图26），被誉为天津的"钟王"。此钟铸工精细，造型古朴。钟体都是阳铸浮雕，钟钮铸成交尾双螭，片片鳞甲清晰可辨；钟肩倒覆莲瓣二重，沿钟身周围分隔成八块长方形框格，上下两层；钟的腰部铸着云龙和折枝花卉连续纹样作为装饰；钟口八个莲瓣的凹处，各铸一个八卦符号，极具欣赏和研究价值。又如位于山西省吕梁市天宁寺的天宁寺铁碑，碑身正上面的雕饰为双龙戏珠，出神入化，活灵活现；碑底座和两侧饰有逼真异常的花朵。现存于浙江湖州铁佛寺、铸于北宋乾兴初年（1025 年）的鉴真铸铁观音像，整座佛像婀雅婀娜，造工精细，浑然一体，是一尊罕见的艺术珍品。

与宗教相关的铁器造型各具特色。佛教铁器造型多庄重质朴，纹饰简洁明快，花纹衬底和佛像底座以莲花样式居多。如山西长治长子县崇庆寺铁佛以莲花为宝座，现存北京大钟寺的封川铁钟钟身浮雕以莲花为纹饰。铁塔铁刹大多熔铸多层，内置各种佛像，典型的如山东济宁崇觉寺铁塔塔身遍布梵文装饰。

道教铁器如钟楼、铁照壁、铁香炉和铁钟等，造型自由生动，纹饰繁复流畅，蕴含仙道神韵的魅力。道教铁器其上多铭刻八卦之形，尤其在铁钟、铁香炉的纹饰上表现明显，如现存于河南省洛宁县罗岭乡香山寺铁钟、北京法源寺铁香炉都以八卦为纹饰；道教的铁香炉较之佛教的铁香炉造型显浑厚，炉身雕铸的花纹云鸟等纹饰工笔流畅，也更为精致复杂。

这些大型铁质文物体现了中华民族几千年来艺术发展的沉淀，代表中国悠远的铁器艺术史，更代表了中国人民伟大的创造力和民族艺术魅力，对现代艺术的发展有着深远的影响。研究和挖掘我国古代大型铁质文物的艺术价值，不仅可以了解我国古代艺术的渊源和发展历程，还可以为当今的艺术创作提供丰富的素材。

2.4.2.3　科学价值

文物的科学价值主要包括知识、科学技术等内涵。这些文化遗产从不同的角度反映了当时社会的科学技术和生产力水平，说明当时社会经济、军事和文化状况。我国古代大型铁质文物是研究古代金属技术发展最直接的实物证据之一。

中国古代冶铸技术史是中华五千年文明史的重要组成部分。自春秋战国以来，冶铸工艺得到不断的发展与创新，“铸铁柔化技术”、“百炼钢”、“炒钢”等工艺相继出现。近现代以来，由于科学技术的进步和生产力的不断变革、发展，这项重要的技艺已融入数学、物理、化学等相关基础学科而逐渐成长为冶金学、材料科学等学科。古代冶铸工艺作为现代冶金材料学科发展的基础，为该领域的发展做出了巨大的贡献。而铁质文物作为冶铁工艺的物质载体，在研究古代冶金材料史方面显现出了极其重要的作用和研究意义。

获取铁并加以铸造，形成有特殊结构和造型的大型铁质文物需要专门的知识和技术，并非能够通过日常观察和模仿而轻易得到。以古代金属冶铸时火候控制为例，《考工记 · 㮚氏节》中记录："凡铸金之状，金与锡黑浊之气竭，黄白次之；黄白之气竭，青白次之；青白之气竭，青气次之；然后可铸也。"这些经验和技术在现代冶金行业中仍发挥着重要作用。不仅如此，古代的铁质文物大多采用合金化的方法进行冶炼铸造，在当时虽然没有金属学、晶体学等科学理论的指导，却凭借古人的智慧和努力，成就了令现代冶金材料工作者都赞叹不已的工艺水平。

中国古代铸造方法以泥范、陶范占主导，创造了单合范、双合范、复合范多种方法。为解决复杂器物的铸造难题，又采用了浑铸、分铸、叠铸、嵌镶铸、焊铸等独特的技巧，铸造了许多精美别致的艺术精品。如蒲津渡遗址发掘的唐开元十二年铸造的铁牛、铁人（图 27）等，其比例适度、铁质优良、造型优美、工艺精湛，实属千古佳作。

图 27　铁人、铁牛
山西蒲津渡遗址

对现存大型铁质文物冶铸技术的研究，可以考究我国冶金技术史的发展以及技术传播交流方式，帮助研究当时的文化传播以及社会发展。同时，冶铁技术的发展推动了农业、手工业的发展，从而推动社会的发展，通过冶铁技术可探究当时生产力水平的状况。

可见，合理开发铁质文物的科学价值，与现代化科技手段相结合，对研究我国古代社会文明、历史发展规律极为重要。

# 3　古代大型铁质文物保护现存问题及原因分析

根据调研结果，我们分析发现目前我国古代大型铁质文物保护存在六大类突出问题。

## 3.1　材质受限，铸造工艺缺陷

铁器本身易腐蚀，保护条件要求严格。铁在潮湿的空气中，其表面因吸附作用而覆盖一层极薄的水膜，水微弱电离产生少量 $H^+$ 和 $OH^-$，同时 $SO_2$、$CO_2$、$NO_x$ 等气体溶解，$H^+$ 增多，形成电解质溶液薄膜，和铁中的杂质、空气粉尘形成微小的原电池，发生电化学反应生成 $Fe(OH)_2$，最终氧化成 $mFe_2O_3 \cdot nH_2O$（红锈），部分氧化为 $Fe_3O_4$（黑锈）。

同时由于铸造工艺缺陷，铸件上出现裂缝、裂纹或孔洞。(1) 裂缝或裂纹：由于铸造技术原因，浇铸冒口位置和数量设置不合理，致使在进行金属液浇铸时，造成铸件受热不均，冷却时收缩应力不平衡，在此作用下，容易在铸件上出现裂缝或裂纹；(2) 孔洞：由于铸造技术和选材原因，铸件型腔的模型材质的透气性差，浇铸时型腔内的气体流出速率比较慢或流不出去，造成一部分型腔被气体占据或金属液的浇铸温度太低，铸件的部分地方浇不到等，致使铸件，特别是薄壁铸件，出现孔洞缺陷。

裂纹、裂缝及孔洞处相比较文物其他部位更容易蓄积灰尘和雨水，不仅影响外观，也有利于微生物的滋生，更容易发生腐蚀、应力损害。如洛阳关林庙的铁狮子（图 28）背脊原为很细的微缝，水分和各种有害元素渗入缝隙，腐蚀过程也随之展开，最终形成很宽很深的缺槽。

图 28 铁狮子（局部）
洛阳关林庙

## 3.2 环境污染，存放环境受限

我国是耗煤、石油大国，大型铁质文物存放最多的山西省更是污染大省。空气中的二氧化硫以及总悬浮颗粒物不仅会加剧铁质文物表面的电化学反应，所形成的酸雨将直接腐蚀文物本身。根据国家环保总局环境公报显示，出现酸雨（$pH \leqslant 5.6$）的城市呈逐年递增趋势。日趋严重的环境污染问题对大量的室外铁质文物保存提出了更为严苛的条件。

撇开环境污染问题暂不谈，铁质文物本身的存放环境也不利于其长久保护。调研发现，大部分铁质文物保存环境较古朴幽僻，阴暗潮湿，极易发生化学腐蚀。我国大型铁质文物存放较为集中的是华北、华中、西北地区，这几个地区四季分明，空气湿度、温度变化显著，铁质文物热胀冷缩变化过大、过于频繁，长年累月极易造成铁器形状改变，或由于局部应力作用形成铁器开裂等物理病害；沿海地区如天津、江苏等地受海洋性气候影响，空气湿度大，不利于铁质文物的保存。而河西走廊一带等地貌复杂、海拔较高、空气干燥、有利于保存铁质文物的地区存放铁质文物的数量却较少。

## 3.3 设备缺乏，技术手段不当

调研发现，由于各方面的原因，大型铁质文物保护单位大多设施配置薄弱，许多寺庙、钟楼连基本的工作用房、安防和必要的环境整治等设施都没有，更遑论大型室外监测设备及修复设备。部分文物修复缺乏论证，技术人员专业知识匮乏不懂修复技术，在出现文物病害时，特别是缺失、断裂、孔洞等物理病害时只是简单填注水泥、背后焊接。许多铁质文物经过修复不仅没有很好抑制其劣化因子，反而因为不合理、不科学的修复技术加剧其损害。如曾有好心人士在1957年为沧州铁狮子修建八角亭挡雨，致使狮身见不到阳光，且狮子所在土坑中积水不能很快蒸发，水蒸气又不能很快地扩散，在亭内造成一个高湿度的小气候。从此，狮腿浸泡，狮身受潮，铁狮子锈蚀、腐烂程度加快。此类现象仍在不断发生，山西长治长子县法兴寺铁钟（图29），焊接处钟耳断裂修复后使钟耳腐蚀更加严重；河南内乡衙门博物馆藏天池寨铁炮移到室内后未妥善保护，锈蚀更严重。

图 29　铁钟（局部）
山西长治长子县法兴寺

## 3.4 历史变迁，文化信息缺失

作为文化遗产的铁质文物，其存放环境、周围景观、人文氛围等蕴含了大型铁质文物的历史文化信息，需完整保护、保留下来。然而，调研发现，大型铁质文物由于时间久远、社会意识形态变迁，加之人们对铁质文物保护观念落后，作为文化遗产的大型铁质文物现状堪忧。

### 3.4.1 社会意识变迁，文物实体丢失

长期以来，社会意识因朝代变迁、思潮变化而发生改变，从而影响着铁质文物在人们心目中的价值认可，许多大型铁质文物文化在长久以来的文化变迁中逐渐消失。具有宗教意义的铁佛、铁钟、铁狮、铁香炉等因统治阶级对宗教的重视而兴盛，也因政治变革而消退，更因不同派别的相互斗争而损坏或消亡。“文革”、“大跃进”时期山西阳城县海会寺两个铁钟、孤山铁塔、商山庙大铁钟被毁或被熔，从而使得附着在文物实体上的铁文化也随之湮没。又如，对河南洛阳市洛宁县下峪乡的崇阳铁桥进行调研时发现，唯一记载着铁梁桥修建经历的石碑已被丢弃，铁梁桥的原址已经变成一条柏油马路，而真正的铁梁桥已经被村民们埋到了地下。

### 3.4.2 忽视周边建设，文物价值受损

调研发现，不仅在普通民众，在不少的文物管理者的眼中，都存在对文物价值认知的偏失，极易造成对锈迹斑斑、不甚美观的大型铁质文物价值的错评。由于经济发展的需要，部分地方政府对本地区的寺庙、钟楼等旅游景点进行修复，但对铁质文物则不管不问，甚至将其挪出景区范围或进行隐藏或加以变卖；部分对大型铁质文物进行简单提升加固，忽视原先所处环境信息，文物的修复与周围景观的修复不统一。这样的行为都在无意中剥夺了铁质文物的文化价值。如上文所述飞狐大钟，原先挂在钟楼中，后“文革”中钟楼被毁，大钟置于地上。1995 年，在对阁院寺进行修缮时，才将其重新挂起，但这个全国唯一的有明确铭文纪年的辽代大钟也只是有了一个三米高的简单支架而已。

## 3.5 宣传薄弱，价值长期低估

### 3.5.1 科普宣传匮乏，文化认知度低

调研发现，大多数有关铁质文物的调查研究成果学术化、专著化，铁

质文物在科普教育方面的作用并没有很好地体现。例如《先秦两汉铁器的考古学研究》（白云翔，2005），在研究铁质文物方面极具学术价值，但这类专著很难吸引普通民众的关注，不利于形成对铁文化和铁质文物价值的认知与重视，而各类通识性科普读物仅有《擎天巨柱：开封铁塔》（孙月娥、胡东乐，2003）、《沧州铁狮与旧城》（王玉芳，2008）几部；同时，现阶段有关铁文化和铁质文物的宣传很少，且大多数体现于书籍、报刊和杂志等印刷媒体，人们对其的接受程度不及相对活泼的电视、网络媒体，电视专题纪录片仅发现《镇安寺铁牛》和《铁器的普及促进社会经济的发展》。另外，关于铁质文物的展览和展示也寥寥无几，这些都使得人们对于铁质文物以及铁文化的价值认知存在障碍。

调研中，我们制作了民众对大型铁质文物的保护意识调查问卷，问卷显示（图 30），认为自己对我国古代大型铁质文物非常了解的仅占 3.4%，有一定程度了解的也仅占 16.49%，而认知程度不高必然导致了人们对于铁文化的价值低估，从而对于铁质文物的保护造成了很大的困难。曾参加过或听说过有关铁质文物保护相关活动的民众不到 27.22%。

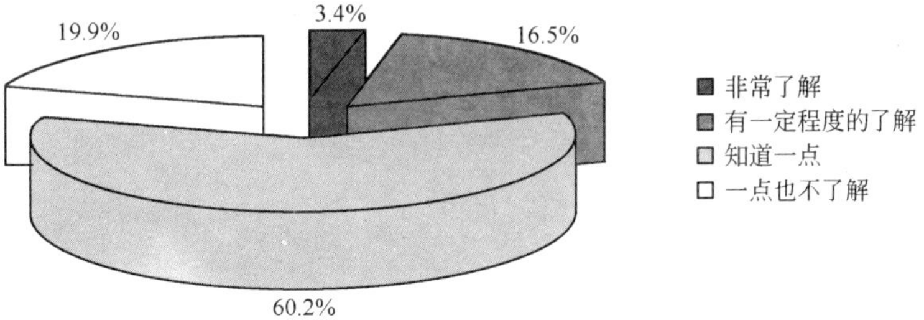


图 30　民众对大型铁质文物了解程度调查结果

### 3.5.2　价值长期低估，资源开发不足

对我国古代大型铁质文物文化价值认知度低的不仅是普通民众，当地的管理部门以及旅游部门，普遍存在对铁质文物所含文化价值等资源认知不足，导致铁质文物旅游资源的综合利用长期得不到重视。由于铸造工

艺、用途和材料本身的特征等各方面原因，大部分铁质文物外观不能很好地吸引游客。一些有较大文化价值的铁质文物，因其存在点小、分散、交通不便、配套设施不足，只能静静在仓库中蒙尘。更有甚者，部分铁质文物存放地周围环境脏、乱、差，严重危害文物本身保存。如长治市博物馆里的几门铁炮（图 31），与扫帚、废旧无用物品放在一起，这样的环境造成文物表面有瘤状物、通体腐蚀和微生物侵蚀。

图 31　铁炮
山西长治市博物馆

## 3.6　管理不善，筹资渠道狭窄

部分地方文物保护部门存在分工不明、机构重叠的现象。有些地方博物馆和文物局统一办公或是文物局与旅游局之间存在重叠，文物责权不明。在调查中发现，部分大型铁质文物的管理无针对性保护修复的政策，无与相应部门的沟通交流，无标志牌、围栏等具体保护措施。游人随意触摸文物，在其表面乱写乱画，保护意识淡薄。调查问卷显示（图 32）：看到过他人进行文物涂画、攀爬等现象的人数占 55%。

资金的多寡限制了对文物的保护、修复、管理和展示。我国文化遗产保护的资金来源主要为：公共财政投入、文化遗产单位经营收入、民间资金投入、国际援助。每年国家投入大量资金，但绝大部分用于世界文化遗产、历史文化名城、濒危遗产等文物，对于价值长期被低估的铁质文物而言，很难享受到中央财政的投入，即使有，也是杯水车薪；由于对大型铁质文物旅游资源的开发不足，加上文物展示为非营利的公益事业，铁质文物单位经营收入极为微薄，同时旅游业的利润也很少再投入到铁质文物保护中去；多元化的社会投资体制尚未完全建立起来，社会闲散资金也尚未能最大限度地被吸收并使用于铁质文物甚至文化遗产的保护；我国铁质文物保护历史较短，开展国际合作、利用国际援助保护铁质文物的意识薄弱、经验不足，保护还是依靠本国的力量。

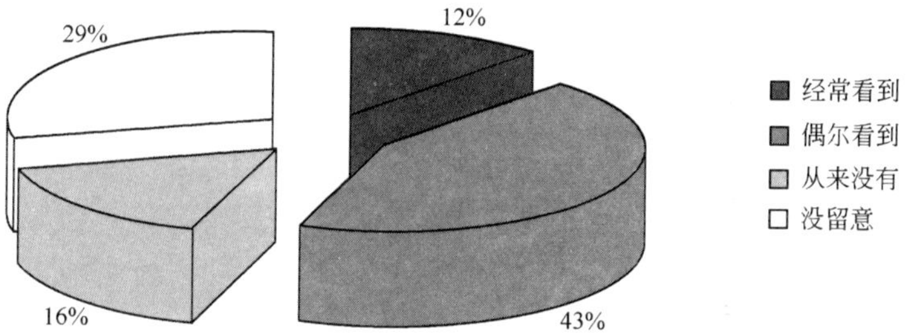


图 32　游客看到他人故意破坏铁质文物行为调查结果

# 4　关于铁质文物科学保护与利用的建议

## 4.1　更新理念，开展多方合作

铁质文物的保护，不仅是文物保护工作者的职责，更需要相关领域专家学者、国家行政部门领导、教育工作者与公众的共同参与。传统意义上的文物保护即为文物修复，是事后措施，且大多数为抢救性措施，而现代意义上的文物保护与修复已是两个不同的领域，是对文物的预防保护。铁质文物的保护不仅是文物本身的保护，其周边环境、人文氛围的保留同样重要。在大型铁质文物保护问题上，不能因为环境变化会损害文物而束之高阁；更不能一味追求经济利益罔顾其他的管理。做好大型铁质文物保存与使用之间的平衡，协调其保存需求与展示需求势在必行。不同领域、多学科的人员共同参与，产生协同增效，每个人在不同领域、不同学科的互补性贡献将共同构成对铁质文物的科学保护。

## 4.2　技术修复，减少劣化因子

### 4.2.1　实行监控，慎用修复手段

大型铁质文物的保护和管理需要从宏观和微观方面进行监控与管理。本着预防为主，防治结合的保护方针，在整体上就文物的保护状况进行科学监控，从而合理制定保护管理方案，掌握工作重点和工作难点，合理拨付配套管理修复资金，配备与之相适应的设备和人才队伍。可仿照沧州铁狮，在大型铁质文物上安装微观测量系统，监测风力、温度、湿度、辐射、光照等自然因素对铁质文物的影响；同时对文物本体做激光扫描和探

伤测试以及应变和倾角测量等，通过计算机建立大型铁质文物的数学模型，从而对文物的损坏状况进行科学分析和模拟实验，制定合理的修复方案，避免不合理修复手段引起的文物损害。

### 4.2.2 保护环境，寻求可持续发展

由于大量铁质文物保存于室外，受到自然环境的影响极为严重。通过改善环境，优化文物保存环境，减少文物劣化因子。

首先要从环境污染源头开始控制，各级环保部门应重点强化本地区重污染企业的污染治理工作；其次，通过科技手段控制治理污染的传播扩散，从而使污染对铁质文物的影响最小化。此外，在大型铁质文物的保护规划中将环境的保护和治理与文物保护相结合，主动采取预防保护措施，减少酸雨、有害气体、粉尘等对大型铁质文物的不利因素，求得文物的“延年益寿”，将我国古老而丰富的铁文化不断传承下去。

## 4.3 加强宣传，增强民众保护意识

通过报纸、电视等传统媒体以及网络、电梯广告、移动电视等现代新兴媒体做好宣传，推广科普作品，扩大宣传，提升铁文化价值的认知，增强民众保护意识。

### 4.3.1 加强宣传渠道建设，加大铁文化宣传力度

要加强铁文化宣传，提升铁文化价值，我们不能仅仅依靠单一的宣传渠道，而是要主动开拓新的渠道、开发新的形式，从而加大铁文化的宣传力度。

电视、报纸、杂志等传统媒体受众范围广、数量多、影响大，应继续加强铁文化的宣传攻势，向广大民众进行广泛宣传。同时随着经济的发展，一大批新兴媒体不断兴起，电梯广告、移动电视、手机快报、网络等被人们广泛接受。如果能够利用这些新兴媒体进行宣传，尤其是手机快报和专题网站，它们运营成本低，宣传效果明显。

各地各部门可以有效运用大型铁质文物的资料制作宣传材料，在人流相对集中地区开展大型铁质文物的巡回展演，进行大型铁质文物的保护和宣传。

开展铁文化宣传活动

### 4.3.2　推广科普作品，提升民众对铁质文物的认知

我国科普作品内容丰富、形式多样，但大型铁质文物在这方面的优势和特色以及重要性由于各方面的原因一直未被发掘，可将调研资料通过整理和加工制作成为人们喜闻乐见的科普读物和画册，丰富铁质文物科普读物和科普宣传作品。同时，可以将制作的各类科普作品转化为数字技术，通过数字博物馆、在线游戏等形式展示、互动、交流，更大程度地增加广大民众对我国大型铁质文物的认知程度。2008 年 12 月，国家文物局启动“指南针计划——中国古代生铁发明创造挖掘和展示”项目，计划将编撰科普读物，并通过展览和国际学术交流活动加强中国生铁文化的宣传展示，以实现世界人民对中国生铁发明创造的价值认知。

### 4.3.3　加强文化教育，纳入教育体系

铁文化作为传统文化的一部分，需要我们的传承和发扬。从长远

的发展战略出发，应该将铁文化通过不同的形式纳入教育体系，纳入教科书，培植青少年的铁文化价值意识。目前，我国已有一些地方将各类文物和历史文化遗址的参观学习纳入教材，如北京市地方历史教材中涉及的文物古迹及其课文，但并未涉及铁质文物和铁文化方面的课程教育。

## 4.4 强化管理，运用信息科技手段

### 4.4.1 建立统一协调的管理体系

大型铁质文物的保护涉及中央和地方多个部门的合作，必须建立统一协调的管理体系，全国范围统一部署和规划，县地级以上地方相关单位和部门分级负责实施。地方各级管理部门将实施方案、过程报告以及结果评估通过管理体系直接向中央申请和汇报，从而使整个体系明确分工、细化职责、高效直接、监督到位。建立自上而下/自下而上的管理体系（图33），实现中央、地方之间有关文物保护单位和部门的高效沟通交流，优化结构，合理布局管理部门、决策部门、执行单位、监督部门的工作流程，删减重复工作，明晰工作对象和掌握工作重点。

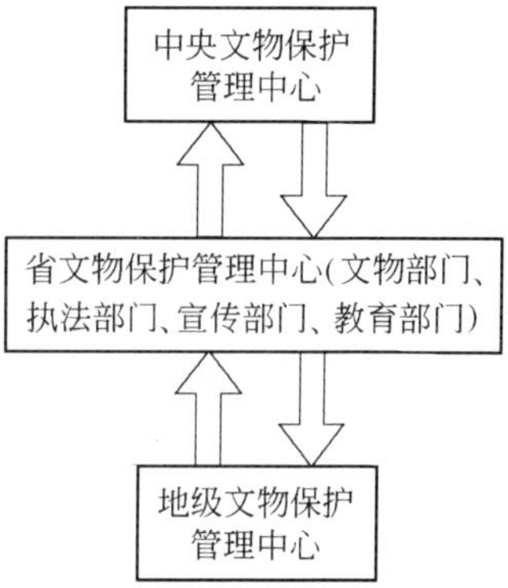


图33 自上而下/自下而上的管理体系

### 4.4.2 建立数据库，实现远程管理

全国第三次文物普查工作正在进行，根据铁质文物的普查结果和数据统计，为我国的大型铁质文物建立档案数据库。对铁质文物进行统一编号，规范文物资料卡，含文物名称、年代用途、基本参数、形貌描述、艺文记载、铭刻纹饰、方志文献及文物现存状况和修复病史等，便于快速调阅和管理监督。

由国家文物局设立网络管理中心，由各省所设的管理部门负责对本省具体文物的监督和管理工作，将文物资料数字化，实现信息的网络化管理与共享。

数据库的建立既能为考古研究提供新的资料，帮助理解文物的深层信息；为文物保护工作做前期准备，找寻铁质文物保护规律，掌握文物实时状况；同时为扩大铁文化宣传展示、弘扬传统文化打下基础。

## 4.5 统筹兼顾，拓宽资金渠道

目前，对于铁质文物的保护资金大多来自于中央的拨款，而仅靠中央的财政支持是不足以做好铁质文物的保护工作的。地方政府主动拨付配套资金，加强项目资金管理，提高使用效益。

同时可以拓宽资金的筹措渠道，充分吸引社会闲散资金。发动群众，调动非政府组织、各类文物协会、社会各方热心人士的积极性，建立基金，发行铁质文物福利彩票等。同时，政府应建立相关制度，规范和引导这些组织以及个人的行为，从而保证资金渠道畅通，使用规范合理。

# 5　本课题的成果与贡献

本次项目历时近三年，涉及我国 17 个省市的 207 件大型铁质文物，收集了大量的参数表、调查问卷、照片等一手资料，在对这些资料进行统计分析的基础上，形成了一系列成果，为我国古代大型铁质文物的保护做出了一定贡献。

建立了铁质文物病害分类，对全国大型铁质文物病害的分类标准具有参考价值，弥补了该方面理论研究的不足。

对铁质文物的文化价值进行了研究和阐释，一定程度弥补了该方面文献资料的不足，对后期铁质文物宣传展示、弘扬传统文化打下基础。

收集了大量翔实的数据，对各地不同时期大型铁质文物的保存地点、制作技术及保护状况进行了调查研究，建立资料卡，为集中展示和具体研究提供了基础资料，为国家科委“铁质文物综合保护技术研究”提供参数、图片等资料，同时也为全国大型铁质文物的普查工作提供基础性数据，更进一步为国家文物局“指南针计划——中国古代生铁发明创造挖掘和展示”项目后期科普宣传提供素材和作品。

基于调研所得到的大量数据和图片资料，以及调研过程的所见所感，撰写本文，内容包括我国部分地区古代大型铁质文物的现存状况、价值研究以及针对大型铁质文物现存问题所提出的建议和意见，可供各级文物保护部门、相关技术人员参考。

调研过程充分开展宣传工作，运用了新的视角和展演形式，在全国范围内对铁质文物保护及其文化价值进行广泛宣传。

制作了卡片、画册、展板、视频、网站等作品，延伸了本项目对于铁文化和铁质文物的宣传手段和职责；通过调研，不仅锻炼成员的学习创新、报告撰写、团队组织等能力，也在无形中对大学生进行有关铁质文物文化价值认知的熏陶和教育。

新中国已然度过六十华诞，大步迈向昌盛繁荣，将中国传统文化的重要组成部分——铁文化进行广泛宣传和展示，达到宣传中国传统文化、弘扬时代精神的效果。

随着全国第三次文物普查工作的开展，大批铁质文物被人们发现并认知。自2007年起，项目组开始对中国大型铁质文物进行了实地调研及资料研究，取得了大量弥足珍贵的第一手资料，为今后的大型铁质文物研究提供了基础数据。

在实地调研数据成果的基础上，我们着重对调研对象的病害情况、保存现状进行了分析，并且在一定程度上对大型铁质文物价值进行了解读和阐释，同时对铁质文物及其价值保存与利用中现存的问题及原因进行了深入分析，提出有关大型铁质文物科学保护与利用的建议和意见，以期对各个文物保护单位、技术人员开展大型铁质文物保护与利用活动有所帮助。

然而，项目成员均为大学本科学生且均非文物相关专业，因水平有限，本报告中难免出现错误与不足，望专家学者不吝赐教，我们将虚心改正。在调研过程中，我们感受最深的是大型铁质文物的保存现状以及民众对它们价值的认知及保护意识令人担忧。保护大型铁质文物，已刻不容缓！在此，我们呼吁相关单位和部门以及广大人民群众：值此关键历史时期，让我们共同努力，为保护我国古代大型铁质文物、传承我国五千年灿烂文化、延续我中华民族传统文化而贡献自己的一份力量！

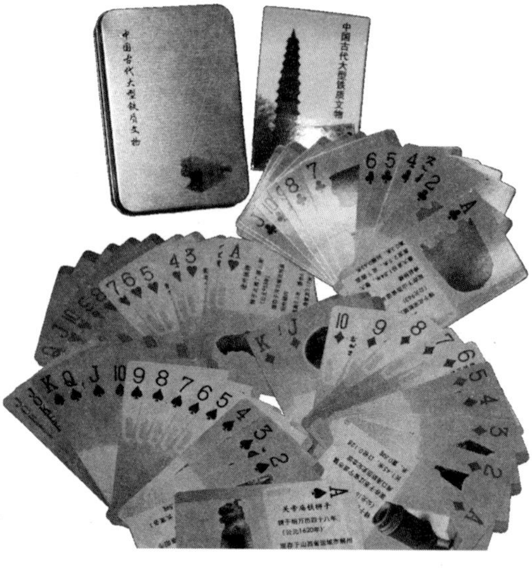

扑克牌

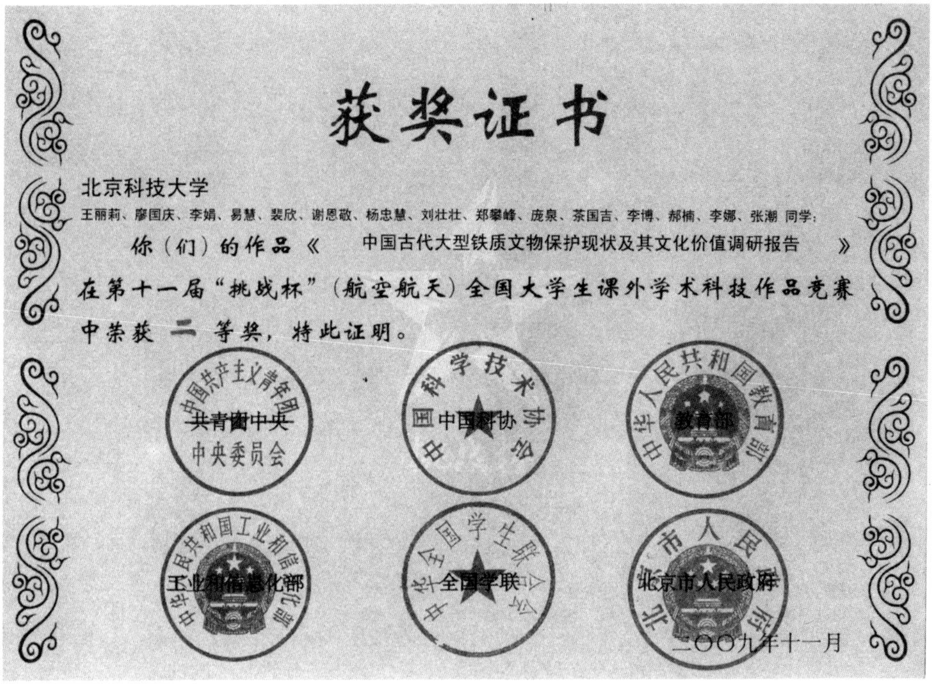

获奖证书

北京科技大学

王丽莉、廖国庆、李娟、易慧、裴欣、谢恩敬、杨忠慧、刘壮壮、郑攀峰、庞泉、茶国吉、李博、郝楠、李娜、张潮 同学：

你（们）的作品《　中国古代大型铁质文物保护现状及其文化价值调研报告　》在第十一届“挑战杯”（航空航天）全国大学生课外学术科技作品竞赛中荣获 二 等奖，特此证明。

共青团中央　中国科协　教育部

工业和信息化部　全国学联　北京市人民政府

二〇〇九年十一月

获奖证书

# 参考文献


[1] 白云翔．先秦两汉铁器的考古学研究 [M]．北京：科学出版社，2005.

[2] 韩汝玢，柯俊．中国科学技术史（矿冶卷）[M]．北京：科学出版社，2007.

[3] 柯俊，吴冲仪，韩汝玢，苗长兴．河南古代一批铁器的初步研究 [J]．中原文物，1993(1)：96 ~ 104.

[4] 李秀辉．中国古代大型金属铸件 [J]．中国科技史料，1989(1)：70 ~ 73.

[5] 潘郁生，晁槐武．广西博物馆汉代铁器修复保护研究 [J]．文物保护与考古科学，2009(6)：5 ~ 9.

[6] 齐树同．北京市地方历史教材——培养学生文物保护意识的有效载体 [J]．科技文汇，2008(29)：6 ~ 13.

[7] 任思蕴．建立有效的文化遗产保护资金保障机制 [J]. 文物世界，2007(3)：65 ~ 73.

[8] 孙淑云，李延祥．中国古代冶金技术专论 [M]．北京：中国科学文化出版社，2003.

[9] 王玉芳．沧州铁狮历次维修保护概述 [J]．文物春秋，2008(3)：49 ~ 57.

[10] 吴坤仪．中国古代铸造技术史略 [J]．哈尔滨工业大学学报，2001(9)：39 ~ 42.

[11] 张安富．影响钢铁大气腐蚀的因素 [J]．材料保护，1989(2)：15 ~ 19.

[12] 张践．中国古代社会的宗法性与政教关系的历史演进 [J]．零陵学院学报，2004(9)：167 ~ 168.

# 附　　录

## 附录1　中国古代大型铁质文物调研参数表（2008年）

### 表1　基本参数表

| | |
|---|---|
| 铁质文物名称 | |
| 铸造年代 | |
| 用　途 | |
| 存放地点 | |
| 尺　寸 | |
| 地方志 | □ 有（在调研报告中详述）□ 无 |
| 铁质文物的所有者<br>（不同时期不同所有者详述，如空格不够请附页） | |
| 有无修复专职管理人员 | |
| 铸造技术 | |
| 铁质文物出现的病害<br>（需进行详细描述，病害类型可参见实践手册） | |
| 铁器上铭文记载 | |

### 表2　锈蚀状况调查表

| | | |
|---|---|---|
| 铁质文物名称 | | |
| 铁质材料类型 | | |
| 破坏发生时间（年月日） | | |
| 破坏发生地点 | | |
| 破坏部位 | | |
| 破坏程度 | | |
| 修复措施 | | |
| 修复的成效 | | |

续表 2

| | | | |
|---|---|---|---|
| 破坏原因 | 自然原因 | | |
| | 社会原因 | | |
| | 突发事件 | | |
| 修复历史 | 时间 | | |
| | 方位 | | |
| | 措施 | | |

**表 3　周围的环境状况调查表**

| | | | | | | | | | | |
|---|---|---|---|---|---|---|---|---|---|---|
| 铁质文物名称 | | | | | | | | | | |
| 所处位置 | | □城区　□郊区 | | | | | | | | |
| 工厂分布状况 | | □有　□无 | | | | | | | | |
| 工厂名称 | | | | | | | | | | |
| 生产的产品名称 | | | | | | | | | | |
| 当地的气候类型 | | □ 温带大陆性气候　□ 热带季风气候　□ 亚热带季风气候<br>□ 温带季风气候　□ 高原气候　□ 高山气候 | | | | | | | | |
| 风　沙 | | □ 浮尘　□ 扬沙　□ 沙尘暴　□ 强沙尘暴　□ 特强沙尘暴 | | | | | | | | |
| 海洋大气影响 | | □ 远离海洋　□ 距海近　□ 距海远 | | | | | | | | |
| 年　代 | | 1988 | 1996 | 1998 | 2000 | 2002 | 2004 | 2006 | 2007 | 2008 |
| 气温 | 年均最高气温 | | | | | | | | | |
| | 年均最低气温 | | | | | | | | | |
| | 年平均气温 | | | | | | | | | |
| | 年最高昼夜温差 | | | | | | | | | |
| 年均降水量 | | | | | | | | | | |
| 雨水的酸碱度 | | | | | | | | | | |
| 日照时数 | | | | | | | | | | |
| 太阳年辐射的总量 | | | | | | | | | | |
| 土壤酸碱度 | | | | | | | | | | |

## 表 4　铁质文物修复成功案例表

<table>
<tr><td colspan="2">铁质文物名称</td><td colspan="3"></td></tr>
<tr><td rowspan="2">文物所处的环境<br>（进行相关的描述）</td><td>室内</td><td colspan="3"></td></tr>
<tr><td>室外</td><td colspan="3"></td></tr>
<tr><td colspan="2">修复年月</td><td>1996 年之前</td><td>2000 ~ 2004 年</td><td>2004 ~ 2008 年</td></tr>
<tr><td colspan="2">修复部位</td><td></td><td></td><td></td></tr>
<tr><td colspan="2">破损状况描述</td><td></td><td></td><td></td></tr>
<tr><td colspan="2">破损的可能原因<br>（参照实践手册）</td><td></td><td></td><td></td></tr>
<tr><td colspan="2">破损比例</td><td></td><td></td><td></td></tr>
<tr><td rowspan="2">修复措施</td><td>成功</td><td></td><td></td><td></td></tr>
<tr><td>不成功</td><td></td><td></td><td></td></tr>
<tr><td colspan="2">使用经费</td><td></td><td></td><td></td></tr>
<tr><td colspan="2">修复效果</td><td></td><td></td><td></td></tr>
<tr><td colspan="2">修复后状况</td><td></td><td></td><td></td></tr>
</table>

## 表 5　馆藏文物的环境状况

| | |
|---|---|
| 文物名称 | |
| 存放地 | |
| 年平均人流数 | |
| 年平均馆内温度 | |
| 光源的选择 | |
| 通风要求 | |
| 日常维护、保护方法 | |

## 附录2　古代大型铁质文物民众保护意识调查问卷

时间：______年______月______日　地点：______省（自治区、直辖市）______市______乡（镇）______村

您好！我们是北京科技大学“中国古代大型铁质文物保护状况”调研小组实践分团，本调查侧重于对现存古代铁质文物的保护现状问题，旨在了解民众对于铁质文物保护的态度和意见，为完善铁质文物的保护措施以及铁质文物的研究提供一定的依据。此调查问卷采取无记名的方式，不存档，仅作为调查研究之用，请您放心填写。感谢您的支持与合作！

1. 您的身份：

A 普通游客　　B 周边居民

C 景区（博物馆）普通工作人员　　D 专业修复管理人员

E 文物局工作人员

F 其他文物相关部门工作人员　　G 其他__________

2. 您对我国古代大型铁质文物了解吗？

A 非常了解　　B 有一定程度的了解

C 知道一点　　D 一点也不了解

3. 在铁器时代开始时我国就有大型铁质文物出现吗？

A 是　　B 不是

4. 您曾见到此处专职修复管理人员对铁质文物进行修复吗？

A 经常有　　B 偶尔会有　　C 从来没有　　D 没留意

5. 您周围游客有往铁质文物上刻划等破坏行为吗？

A 经常有　　B 偶尔会有　　C 从来没有　　D 没留意

6. 您对这种破坏行为怎么看待？

A 不赞同，这种行为对铁质文物的保护极其不利

B 无所谓，这种留纪念的方式无可厚非

7．您是否注意到铁质文物上存在锈斑、裂纹等腐蚀、残缺或者变形现象？

A 注意到有　　　　　　　　B 没留心观察

8．您以前曾参加过或者听说过有关铁质文物保护的相关活动吗？

A 有　　　　　　　　B 没有

9．您认为现在对铁质文物的保护工作做得是否到位？

A 非常差，保护工作亟待提高

B 初见成效，继续加大保护力度

C 效果非常明显，铁质文物保护已得到很高的重视

D 非常好，维持现状即可

10．您认为加强铁质文物的保护是否有必要？

A 有必要　　　B 没必要　　　C 无所谓

11．若有必要，铁质文物的价值是什么？

A 有助于冶铁技术研究　　　　B 文化价值　　　C 供欣赏之用

12．您认为此处铁质文物的现存状况什么原因是最重要的？

A 历史太久远　　　　　　　B 文物部门没有保护好

13．请您对我们的这次活动留下您宝贵的意见和建议：

______________________________________________

______________________________________________

______________________。

14．您认为我们公民个人应采取怎样的措施来保护我国古代大型铁质文物？

______________________________________________

______________________________________________

______________________。

谢谢您的参与！

## 附录3　古代大型铁质文物调研结果一览表[1]

| 文物编号 | 文物名称 | 年　代 | 现存地 |
|---|---|---|---|
| 所在省市：北京市 | | | |
| 1 | 铁炮 | 清（公元 1616 ~ 1911 年） | 首都博物馆 |
| 2 | 铁炮 | 清（公元 1616 ~ 1911 年） | 首都博物馆 |
| 3 | 红夷铁炮 | 1639 年 | 故宫端门和午门之间 |
| 4 | 铁炮 | 1629 年 | 故宫端门和午门之间 |
| 5 | 红夷铁炮 | 明（公元 1368 ~ 1644 年） | 故宫端门和午门之间 |
| 6 | 红夷铁炮 | 1639 年 | 故宫端门前 |
| 7 | 故宫铁缸 | 1491 年 | 故宫博物院 |
| 8 | 铁狮子 | 1208 年 | 故宫博物院 |
| 9 | 红夷铁炮 | 1622 年 | 中国人民革命军事博物馆前广场东侧 |
| 10 | 义胜营大将军炮 | 1882 年 | 中国人民革命军事博物馆前广场西侧 |
| 11 | 铁炮 | 1841 年 | 中国人民革命军事博物馆前广场西侧 |
| 12 | 铁炮 | 1841 年 | 中国人民革命军事博物馆前广场东侧 |
| 13 | 平夷靖寇将军铁炮 | 1841 年 | 中国人民革命军事博物馆前广场西侧 |
| 14 | 仁字五号大将军铁炮 | 明万历年间（公元 1573 ~ 1620 年） | 中国人民革命军事博物馆三层一厅 |
| 15 | 崇祯六年铁炮 | 明崇祯年间（公元 1628 ~ 1644 年） | 中国人民革命军事博物馆三层二厅 |
| 16 | 红夷将军 | 1840 年 | 中国人民革命军事博物馆西侧 |

[1] 因字数所限，其他参数不一一列举。

续表

| 文物编号 | 文物名称 | 年　代 | 现存地 |
|---|---|---|---|
| 所在省市：北京市 | | | |
| 17 | 铁嘴将军 | 明（公元 1368 ~ 1644 年） | 中国人民革命军事博物馆前广场东侧 |
| 18 | 铁炮 | 清（公元 1616 ~ 1911 年） | 北海白塔北侧 |
| 19 | 铁炮 | 清（公元 1616 ~ 1911 年） | 北海白塔南侧 |
| 20 | 明铁炮 | 明（公元 1368 ~ 1644 年） | 钟鼓楼 |
| 21 | 德胜门箭楼铁炮（一） | 清（公元 1616 ~ 1911 年） | 德胜门箭楼之上两侧 |
| 22 | 德胜门箭楼铁炮（二） | 清（公元 1616 ~ 1911 年） | 德胜门箭楼两侧 |
| 23 | 德胜门箭楼铁炮（三） | 清（公元 1616 ~ 1911 年） | 德胜门箭楼两侧 |
| 24 | 德胜门箭楼铁炮（四） | 清（公元 1616 ~ 1911 年） | 德胜门箭楼两侧 |
| 25 | 神威大将军炮 | 明（公元 1368 ~ 1644 年） | 八达岭长城售票点后 |
| 26 | 铁炮 | 清（公元 1616 ~ 1911 年） | 八达岭售票点前广场上 |
| 27 | 铁炮 | 明（公元 1368 ~ 1644 年） | 八达岭长城广场上 |
| 28 | 铁香炉 | 唐贞观年间（公元 627 ~ 649 年） | 法源寺内 |
| 29 | 胡广安俯寺铁钟 | 1690 年 | 大钟寺 |
| 30 | 封川县铁钟 | 1812 年 | 大钟寺 |
| 31 | 密云铁钟 | 1816 年 | 大钟寺 |
| 32 | 肇庆铁钟 | 1827 年 | 大钟寺 |
| 33 | 宛平铁钟 | 1626 年 | 大钟寺 |
| 34 | 王立全等铸铁钟 | 1825 年 | 大钟寺 |
| 35 | 安福胡同铁钟 | 1863 年 | 大钟寺 |
| 36 | 青云谱铁钟 | 1811 年 | 大钟寺 |
| 37 | 永乐铁更钟 | 明永乐年间（公元 1403 ~ 1424 年） | 大钟寺九亭钟园 |
| 38 | 重兴寺铁钟 | 1899 年 | 大钟寺佛道钟铃展示厅 |
| 39 | 大兴关地庙铁钟 | 1878 年 | 大钟寺佛道钟铃展示厅 |
| 40 | 蔚县铁钟 | 元（公元 1206 ~ 1368 年） | 大钟寺“宋元钟类精品” |

续表

| 文物编号 | 文物名称 | 年　代 | 现存地 |
|---|---|---|---|
| 所在省市：北京市 | | | |
| 41 | 铁钟 | 1629 年 | 香山公园碧云寺大雄宝殿 |
| 42 | 铜梁铁柱 | 清光绪年间<br>（始建于 1909 年） | 崇陵 |
| 43 | 铁钟 | 清康熙至乾隆年间<br>（公元 1662 ~ 1795 年） | 钟楼 |
| 44 | 古钟（一） | 1690 年 | 八大处公园香界寺内 |
| 45 | 古钟（二） | 清（公元 1616 ~ 1911 年） | 八大处公园香界寺钟楼 |
| 所在省市：河北省 | | | |
| 46 | 黄骅岐口铁炮 | 清（公元 1616 ~ 1911 年） | 黄骅市博物馆外 |
| 47 | 大铁炮 | 1884 年 | 秦皇岛市长城博物馆 |
| 48 | 大炮 | 1643 年 | 秦皇岛市长城博物馆 |
| 49 | 西洋炮 | 1638 年 | 承德市避暑山庄博物馆 |
| 50 | 大铁缸 | 清乾隆年间<br>（公元 1736 ~ 1795 年） | 承德市普陀宗乘之庙中露天放置 |
| 51 | 铁炮 | 1771 年 | 承德市普陀宗乘之庙 |
| 52 | 铁狮子 | 金（公元 1115 ~ 1234 年） | 石家庄市华北军区烈士陵园烈士纪念牌两侧 |
| 53 | 金大定铁钟 | 金大定年间<br>（公元 1161 ~ 1189 年） | 邢台市邢州北路开元寺 |
| 54 | 大铁钟 | 明嘉靖年间<br>（公元 1522 ~ 1566 年） | 秦皇岛市北戴河联峰山公园观音寺内 |
| 55 | 铁佛 | 973 年 | 沧州市东光县铁佛寺 |
| 56 | 铁狮 | 953 年 | 河北沧州 |
| 57 | 营子镇郝楼铁钟 | 1714 年 | 泊头市博物馆仓库 |
| 58 | 八卦钟 | 1606 年 | 邯郸市涉县城西北唐王峧沟凤凰山钟楼 |
| 59 | 涉县九根吊庙铁索 | 清道光年间<br>（公元 1821 ~ 1850 年） | 邯郸市涉县娲皇宫山上古建筑群东南钟楼内 |
| 60 | 飞狐大钟 | 1114 年 | 保定市涞源县阁院寺内 |
| 61 | 铁旗杆 | 1830 年 | 安国市药王庙正门石狮两侧 |

续表

| 文物编号 | 文物名称 | 年　代 | 现存地 |
|---|---|---|---|
| 所在省市：河北省 | | | |
| 62 | 塔刹 | 待考 | 保定市涞水县皇甫寺 |
| 所在省市：天津市 | | | |
| 63 | 大沽铁钟 | 1830 年 | 塘沽区政府大楼 |
| 64 | 鼓楼大钟 | 1153 年 | 天津博物馆 |
| 65 | 大沽口炮台铁炮 | 清（公元 1616 ~ 1911 年） | 大沽口炮台遗址 |
| 所在省市：辽宁省 | | | |
| 66 | 大清古炮 | 1840 年 | 大连市旅顺清代海防炮台 |
| 67 | 清代大口径古炮 | 1840 年 | 大连市旅顺炮台沿岸 |
| 68 | 清道光年款红夷大铁炮 | 1841 年 | 沈阳市故宫崇政殿院内 |
| 所在省市：陕西省 | | | |
| 69 | 铁佛 | 清（公元 1616 ~ 1911 年） | 宝鸡市眉县太白山大爷海 |
| 70 | 铁钟 | 明清年间<br>（公元 1368 ～ 1911 年） | 宝鸡市眉县太白山 |
| 71 | 铁瓦 | 明清年间<br>（公元 1368 ～ 1911 年） | 宝鸡市眉县太白山 |
| 72 | 铁佛爷 | 1181 年 | 富平县铁佛村铁佛庙 |
| 73 | 夹鏳大铁佛 | 唐（公元 618 ～ 907 年） | 西安市博物馆 |
| 74 | 千佛塔 | 1590 年 | 咸阳市北杜 |
| 75 | 幽冥钟 | 1548 年 | 西安市慈恩寺 |
| 76 | 南门钟 | 1567 年 | 西安市古城墙西门西南角 |
| 77 | 安定钟 | 1427 年 | 西安市古城墙西门 |
| 78 | 安远钟 | 1635 年 | 西安市古城墙北门 |
| 79 | 长乐钟 | 1567 年 | 西安市古城墙东门瓮城 |
| 80 | 明隆庆年间造铁钟 | 1567 年 | 西安市古城墙南部城楼上 |
| 81 | 钟楼铁钟 | 1466 年 | 西安市小雁塔前 |
| 82 | 雁塔晨钟 | 1192 年 | 西安市小雁塔 |
| 83 | 小雁塔小钟 | 明万历年间<br>（公元 1573 ～ 1620 年） | 西安市小雁塔 |
| 84 | 小雁塔大钟 | 1495 年 | 西安市小雁塔 |

续表

| 文物编号 | 文物名称 | 年　代 | 现存地 |
|---|---|---|---|
| 所在省市：山西省 | | | |
| 85 | 文庙铁缸 | 1745 年 | 山西省博物馆大成殿右侧 |
| 86 | 文庙铁炮（一） | 清（公元 1616 ~ 1911 年） | 山西省博物馆大成殿前 |
| 87 | 文庙铁炮（二） | 明（公元 1368 ~ 1644 年） | 山西省博物馆 |
| 88 | 文庙铁塔 | 明万历年间（公元 1573 ~ 1620 年） | 山西省博物馆 |
| 89 | 文庙铁钟 | 明（公元 1368 ~ 1644 年） | 山西省博物馆大成殿前 |
| 90 | 大塔刹 | 唐（公元 618 ~ 907 年） | 晋城市阳城县润城镇海会寺塔顶 |
| 91 | 小塔刹 | 宋（公元 960 ~ 1279 年） | 晋城市阳城县润城镇海会寺塔顶 |
| 92 | 释迦牟尼像 | 元（公元 1206 ~ 1368 年） | 太原市双塔寺 |
| 93 | 晋祠铁人 | 宋（公元 960 ~ 1279 年） | 太原市晋祠金人台 |
| 94 | 晋祠铁狮 | 明（公元 1368 ~ 1644 年） | 太原市晋祠 |
| 95 | 铁狮 | 明（公元 1368 ~ 1644 年） | 太原市艺术博物馆大门口 |
| 96 | 铁狮 | 1391 年 | 太原市崇善寺门前两个 |
| 97 | 铁钟 | 1506 年 | 太原市崇善寺 |
| 98 | 金代大钟 | 1153 年 | 太原市晋祠大钟亭 |
| 99 | 铁钟 | 明嘉靖年间（公元 1522 ~ 1566 年） | 太原市永祚寺大雄殿前 |
| 100 | 铁佛 | 1016 年 | 长治市长子县崇庆寺 |
| 101 | 铁炮 | 待考 | 长治市博物馆 |
| 102 | 铁炮 | 1641 年 | 长治市潞安府城隍庙戏楼东侧 |
| 103 | 铁钟 | 1634 年 | 长治市潞安府城隍庙中大殿门前西侧 |
| 104 | 铁钟 | 401 年 | 长治市长子县法兴寺 |
| 105 | 张果老像 | 无考 | 高平市伯方村仙翁庙 |

续表

| 文物编号 | 文物名称 | 年　代 | 现存地 |
|---|---|---|---|
| 所在省市：山西省 | | | |
| 106 | 铁钟 | 待考 | 高平市大周村 |
| 107 | 铁钟 | 明嘉靖年间<br>（公元 1522 ～ 1566 年） | 长治市正阳门上五凤楼东侧 |
| 108 | 铁炮 | 清（公元 1616 ～ 1911 年） | 吕梁市石楼县文物管理所 |
| 109 | 铁人 | 1620 年 | 运城市关公庙 |
| 110 | 铁狮 | 1620 年 | 运城市关公庙门口的两侧右朝向 |
| 111 | 铁狮 | 1620 年 | 运城市关公庙门口的两侧左朝向 |
| 112 | 铁狮 | 1620 年 | 运城市关帝庙永荷神府旁 |
| 113 | 焚炉 | 1524 年 | 运城市关帝庙内 |
| 114 | 关公大刀 | 清雍正年间<br>（公元 1723 ～ 1735 年） | 运城市关帝庙 |
| 115 | 圆形香炉 | 待考 | 运城市龙兴寺 |
| 116 | 左侧香炉 | 待考 | 运城市龙兴寺 |
| 117 | 右侧香炉 | 待考 | 运城市龙兴寺 |
| 118 | 浦津渡铁人（一） | 724 年 | 永济市蒲津渡遗址展厅 |
| 119 | 浦津渡铁人（二） | 724 年 | 永济市蒲津渡遗址展厅 |
| 120 | 浦津渡铁牛 | 724 年 | 永济市蒲津渡遗址展厅 |
| 121 | 文庙铁狮（一） | 明万历年间<br>（公元 1573 ～ 1620 年） | 忻州市文庙门口两个 |
| 122 | 文庙铁狮（二） | 明万历年间<br>（公元 1573 ～ 1620 年） | 忻州市文庙后殿小屋前 |
| 123 | 文庙铁狮（三） | 明万历年间<br>（公元 1573 ～ 1620 年） | 忻州市文庙门前 |
| 124 | 文庙铁狮（四） | 1396 年 | 忻州市文庙门前 |
| 125 | 铁狮子 | 明万历年间<br>（公元 1573 ～ 1620 年） | 忻州市文庙灵星门门口 |

续表

| 文物编号 | 文物名称 | 年　代 | 现存地 |
|---|---|---|---|
| 所在省市：山西省 | | | |
| 126 | 原头佛祖 | 643 年 | 临汾市大云寺 |
| 127 | 鼓楼大钟 | 1196 年 | 临汾市鼓楼二层 |
| 128 | 龙泉寺铁钟 | 1736 年 | 太山龙泉寺钟鼓楼 |
| 129 | 明代大铁钟 | 1478 年 | 吕梁市交城县天宁寺千佛阁下 |
| 130 | 铁照壁 | 1877 年 | 晋城市泽州县 |
| 131 | 宋代大钟 | 1102 年 | 晋城市陵川县崇安寺钟楼下 |
| 132 | 天宁寺铁佛（一） | 元（公元 1206 ~ 1368 年） | 吕梁市天宁寺 |
| 133 | 天宁寺铁佛（二） | 元（公元 1206 ~ 1368 年） | 吕梁市天宁寺 |
| 134 | 天宁寺铁佛（三） | 元（公元 1206 ~ 1368 年） | 吕梁市天宁寺 |
| 135 | 天宁寺铁碑 | 明（公元 1368 ~ 1644 年） | 吕梁市天宁寺 |
| 136 | 新绛县城内铁钟 | 963 年 | 运城市新绛县钟楼内 |
| 所在省市：山东省 | | | |
| 137 | 唐代铁佛 | 唐（公元 618 ~ 907 年） | 潍坊市博物馆 |
| 138 | 铁佛 | 901 年 | 济南市灵岩寺 |
| 139 | 铁塔 | 1533 年 | 泰安市岱庙西花园南侧 |
| 140 | 铁狮子 | 1770 年 | 泰安市岱庙遥参亭前牌坊两侧 |
| 141 | 铁香炉 | 明万历年间（公元 1573 ~ 1620 年） | 泰安市岱庙 |
| 142 | 铁桶 | 1101 年 | 泰安市岱庙天贶东西两侧各一个 |
| 143 | 吉祥平安钟 | 1521 年 | 泰安市博物馆正阳门城楼 |
| 144 | 斗母宫铁钟 | 1788 年 | 泰山市山腰斗母宫门北钟楼内 |
| 145 | 碧霞元君祠铁香炉 | 1917 年 | 泰山市碧霞元君祠内 |
| 146 | 碧霞元君祠铁瓦 | 明（公元 1368 ~ 1644 年） | 泰山市碧霞元君祠内 |

续表

| 文物编号 | 文物名称 | 年　代 | 现存地 |
|---|---|---|---|
| 所在省市：山东省 | | | |
| 147 | 瞭望塔 | 1899 年 | 青岛市山炮台遗址公园山顶 |
| 148 | 聊城铁塔 | 宋（公元 960 ～ 1279 年） | 聊城市古运西岸护国隆兴寺 |
| 149 | 崇觉寺铁塔 | 1105 年 | 济宁市内的崇觉寺 |
| 150 | 泰禹晓钟 | 1202 年 | 禹城市禹城一中钟亭内 |
| 151 | 冠县铁钟 | 1187 年 | 聊城市冠县 |
| 152 | 铁钟 | 金（公元 1115 ～ 1234 年） | 聊城市莘县古城镇镇政府外一亭 (2002 年修) |
| 153 | 古城镇铁钟 | 1199 年 | 聊城市莘县古城镇 |
| 154 | 棂星门铁梁 | 1754 年 | 曲阜市孔庙内 |
| 155 | 威海济远铁锚 | 1883 年 | 威海市中日甲午战争博物馆 |
| 156 | 旗顶山旗杆 | 1890 年 | 威海市刘公岛旗顶山 |
| 所在省市：浙江省 | | | |
| 157 | 古炮 | 1841 年 | 宁波市镇海招宝山威远城威远炮台 |
| 158 | 瓦瓦斯前镗炮 | 1842 年 | 宁波市镇海海口海防历史纪念馆大门两侧 |
| 159 | 岳王庙铁人像（一） | 始铸于 1594 年 | 杭州市岳飞庙前 |
| 160 | 岳王庙铁人像（二） | 始铸于 1594 年 | 杭州市岳飞庙前 |
| 161 | 岳王庙铁人像（三） | 始铸于 1594 年 | 杭州市岳飞庙前 |
| 162 | 岳王庙铁人像（四） | 始铸于 1594 年 | 杭州市岳飞庙前 |
| 163 | 平夷前镗炮 | 1841 年 | 宁波市镇海海口海防历史纪念馆大门两侧 |
| 164 | 铁观音 | 1025 年 | 湖州市铁佛寺 |
| 所在省市：四川省 | | | |
| 165 | 明代小古钟 | 1434 年 | 绵阳市平武县报恩寺钟楼二层 |
| 166 | 明代大古钟 | 1435 年 | 绵阳市平武县报恩寺钟楼二层 |
| 167 | 铜铁佛像 | 980 年 | 峨眉山圣寿万年寺 |

续表

| 文物编号 | 文物名称 | 年　代 | 现存地 |
| --- | --- | --- | --- |
| 所在省市：河南省 | | | |
| 168 | 铁狮 | 1596 年 | 洛阳市关林镇关林庙关林门内 |
| 169 | 灵钟 | 1555 年 | 洛阳市东大街鼓楼 |
| 170 | 铁锅 | 待考 | 登封市少林寺 |
| 171 | 铁钟 | 明万历年间<br>（公元 1573 ～ 1620 年） | 登封市少林寺方丈室 |
| 172 | 铁钟 | 金（公元 1115 ～ 1234 年） | 登封市中岳庙寝殿 |
| 173 | 铁人 | 宋（公元 960 ～ 1279 年） | 登封市中岳庙 |
| 174 | 铁盆 | 清（公元 1616 ～ 1911 年） | 南阳市内乡县衙门博物馆 |
| 175 | 天池寨铁炮 | 待考 | 南阳市内乡县衙门博物馆 |
| 176 | 镇水铁牛 | 1829 年 | 漯河市郾城县西关 |
| 177 | 铁旗杆 | 1693 年 | 周口市颍河北岸关帝庙 |
| 178 | 铁旗杆 | 1809 年 | 信阳市潢川南城小南海湖畔 |
| 179 | 铁钟 | 待考 | 周口市扶沟县博物馆 |
| 180 | 桥面腰铁 | 584 年 | 漯河市郾城区、临颍县交界的皇帝庙乡 |
| 181 | 铁梁桥 | 不详 | 沁阳市王召乡东王召村铁梁桥 |
| 182 | 延庆观铁窗 | 1549 年 | 开封市延庆观内玉皇阁底层瓮门两侧 |
| 183 | 镇河铁犀 | 1446 年 | 开封市铁牛村回龙观 |
| 184 | 宋宣和铁钟 | 1125 年 | 汝州市风穴寺悬钟阁 |
| 185 | 慈胜寺铁钟 | 1461 年 | 焦作市温县番田乡大吴村 |
| 186 | 妙乐寺塔刹 | 955 年 | 焦作市武陟县妙乐寺 |
| 187 | 胜果寺塔刹 | 1617 年 | 焦作市修武县城西 |
| 188 | 崇阳铁桥 | 1842 年 | 临安市锦城街道崇阳村村口大石碑下 |
| 189 | 铁钟 | 汉（公元前 206 ～ 公元 220 年） | 洛阳市洛宁县罗岭乡商山村商山庙香山寺 |

续表

| 文物编号 | 文物名称 | 年　代 | 现存地 |
|---|---|---|---|
| 所在省市：安徽省 | | | |
| 190 | 铁钟 | 1564 年 | 宣城市绩溪县龙川胡氏宋祠左厢边，四根木头搭起的支架上 |
| 所在省市：广东省 | | | |
| 191 | 西铁塔 | 963 年 | 广州市光孝寺大雄宝殿 |
| 192 | 铁炮 | 1752 年 | 广州博物馆 |
| 193 | 平南王铁钟 | 1652 年 | 广州博物馆 |
| 所在省市：江苏省 | | | |
| 194 | 铁炮 | 1638 年 | 南京明城墙东南角楼上 |
| 195 | “耀威大将军”铁炮 | 1843 年 | 南京博物院 |
| 196 | 道光二十二年红衣大炮 | 1842 年 | 南京博物院 |
| 197 | 同治元年铁炮 | 1862 年 | 南京博物院 |
| 所在省市：湖南省 | | | |
| 198 | 岳阳楼铁炮 | 清（公元 1616 ~ 1911 年） | 岳阳楼北侧 |
| 199 | 铁枷 | 东吴年间（公元 222 ～ 280 年） | 岳阳楼 |
| 200 | 铁经幢 | 北宋（公元 960 ～ 1279 年） | 常德市山乾明寺 |
| 201 | 千僧锅 | 待考 | 衡阳市衡山县南岳 |
| 202 | 大铁盆 | 待考 | 衡山县南岳大庙 |
| 所在省市：云南省 | | | |
| 203 | 南诏铁柱 | 827 年 | 大理白族自治州弥渡县南诏铁柱庙 |
| 所在省市：福建省 | | | |
| 204 | 铁佛 | 918 年 | 福州市鼓楼区开元寺铁佛殿内 |
| 所在省市：甘肃省 | | | |
| 205 | 铁香炉 | 1813 年 | 平凉市崇信 |
| 206 | 清虎足铁火盆 | 清（公元 1616 ~ 1911 年） | 平凉市崇信 |
| 207 | 铁釜 | 961 年 | 平凉市崇信高庄 |

## 附录4　116件古代大型铁质文物病害一览表（按病理分）

| 文物编号 | 病害类型 | | | | | | | | | | | | | | |
|---|---|---|---|---|---|---|---|---|---|---|---|---|---|---|---|
| | 物理病害 | | | | | | 化学病害 | | | | | 生物病害 | 综合病害 | | |
| | 残缺 | 断裂 | 孔洞 | 裂纹 | 变形 | 瘤状物 | 点腐蚀 | 片腐蚀 | 面腐蚀 | 通体腐蚀 | 烧痕 | 微生物浸蚀 | 应力腐蚀 | 触摸损害 | 涂画 |
| 1 | | | | | | | | | | √ | | | | | |
| 7 | | | | | | | | | | √ | | | | | |
| 15 | | | | | | | √ | | | | | | | | |
| 16 | | | | | | | | | | | | | | | |
| 17 | | | | | | | | | | | | | | | |
| 18 | | | | | | | | | | √ | | | | | |
| 19 | | | | | | | | | √ | | | | | | |
| 20 | | | | | | | | | | √ | | | | | |
| 21 | | | | | | | | √ | √ | √ | | | | | |
| 25 | √ | | | | | | | | √ | | | | | √ | |
| 28 | | | | | | | | √ | √ | | | √ | | | |
| 29 | | | | | | | √ | | | √ | | | | | |
| 30 | | | | | | | | | √ | | | | | | |
| 31 | √ | | | | | | | √ | | | | | | | |

续表

| 文物编号 | 病害类型 | | | | | | | | | | | | | | |
|---|---|---|---|---|---|---|---|---|---|---|---|---|---|---|---|
| | 物理病害 | | | | | | 化学病害 | | | | | 生物病害 | 综合病害 | | |
| | 残缺 | 断裂 | 孔洞 | 裂纹 | 变形 | 瘤状物 | 点腐蚀 | 片腐蚀 | 面腐蚀 | 通体腐蚀 | 烧痕 | 微生物浸蚀 | 应力腐蚀 | 触摸损害 | 涂画 |
| 32 | √ | | | | | | | | √ | | | | | | |
| 33 | √ | | | | | | | √ | | | | | | | |
| 34 | | | | | | | √ | | | | | | | | |
| 35 | | | | | | | | | | √ | | | | | √ |
| 36 | | | | | | | √ | | | | | | | | |
| 37 | | | | | | | √ | √ | | √ | | | | | |
| 39 | | | | | | | | √ | √ | | | | | | |
| 40 | | | | | | | | | | √ | | | | | |
| 41 | | | | | | | √ | | | | | | | | |
| 44 | | | | | | | | | | √ | | | | | |
| 45 | | | | √ | | | √ | | | | | | | | √ |
| 49 | | | | | | √ | | | | | | | | | |
| 56 | √ | √ | √ | √ | | | | | √ | | | | √ | | |
| 58 | √ | | | | | | √ | | | | | | | | |
| 60 | | | | | | | √ | | | | | | | | |
| 62 | | | | | | | √ | | | | | | | | |

续表

| 文物编号 | 病害类型 | | | | | | | | | | | | | | |
|---|---|---|---|---|---|---|---|---|---|---|---|---|---|---|---|
| | 物理病害 | | | | | | 化学病害 | | | | | 生物病害 | 综合病害 | | |
| | 残缺 | 断裂 | 孔洞 | 裂纹 | 变形 | 瘤状物 | 点腐蚀 | 片腐蚀 | 面腐蚀 | 通体腐蚀 | 烧痕 | 微生物浸蚀 | 应力腐蚀 | 触摸损害 | 涂画 |
| 64 | | | | | | | | | √ | | | | | | |
| 65 | | | | | | | √ | | | | | | | √ | |
| 66 | | | | | | √ | √ | | √ | | | | | | |
| 67 | | | | | | | √ | | | | | | | √ | |
| 68 | | | | | | | | | | √ | | | | | |
| 71 | | √ | | | | √ | | √ | | | | | | | |
| 73 | √ | √ | √ | √ | √ | √ | √ | | √ | | | √ | | | |
| 74 | | | | | | | √ | | √ | | | | | | |
| 75 | | | | | | | √ | | | | | | | | |
| 78 | | | | | | | | | √ | | | | | | |
| 79 | | | | | | | | | | √ | | | | | |
| 80 | | | | | | | | | √ | | | | | | |
| 91 | | | | | | | √ | | √ | √ | | | | | |
| 92 | | | | | | | | | | | | | | | |
| 93 | | | | √ | | | √ | √ | | √ | | | | | |
| 94 | √ | √ | | | | | √ | | | √ | | | | | |

续表

| 文物编号 | 病害类型 | | | | | | | | | | | | | | |
|---|---|---|---|---|---|---|---|---|---|---|---|---|---|---|---|
| | 物理病害 | | | | | | 化学病害 | | | | | 生物病害 | 综合病害 | | |
| | 残缺 | 断裂 | 孔洞 | 裂纹 | 变形 | 瘤状物 | 点腐蚀 | 片腐蚀 | 面腐蚀 | 通体腐蚀 | 烧痕 | 微生物浸蚀 | 应力腐蚀 | 触摸损害 | 涂画 |
| 95 | √ | √ | | | | | √ | | | √ | | | | | |
| 96 | | | | | | | | | | √ | | | | | |
| 98 | | | | | | | √ | | | √ | | | | | |
| 99 | | | | | | | | | | √ | | √ | | | |
| 100 | | | | | | | | | √ | | | | | | |
| 101 | | | | | | | √ | | | | | | | | |
| 106 | | | | | | | √ | | | | | | | | |
| 110 | | √ | | √ | | | √ | √ | | | | | | | |
| 114 | √ | | √ | √ | | | √ | | | √ | | √ | | | |
| 115 | √ | | | | | | | √ | | | | | | | |
| 116 | √ | | √ | √ | | | √ | | | √ | | √ | | | |
| 117 | | | | √ | | | | √ | | √ | | | | | |
| 118 | | | | | | | √ | √ | | | | | | | |
| 119 | | √ | | | | | | | | | | | | | |
| 120 | | | | | | | √ | | | | | | | | |

续表

| 文物编号 | 病害类型 | | | | | | | | | | | | | | |
|---|---|---|---|---|---|---|---|---|---|---|---|---|---|---|---|
| | 物理病害 | | | | | | 化学病害 | | | | | 生物病害 | 综合病害 | | |
| | 残缺 | 断裂 | 孔洞 | 裂纹 | 变形 | 瘤状物 | 点腐蚀 | 片腐蚀 | 面腐蚀 | 通体腐蚀 | 烧痕 | 微生物浸蚀 | 应力腐蚀 | 触摸损害 | 涂画 |
| 122 | | | | | | | | | | √ | | | | | |
| 126 | √ | | | √ | | | | | | | | | | | |
| 127 | √ | | | | | | √ | | | | | | | | |
| 128 | √ | | | | | | √ | | | | | | | | |
| 129 | √ | | | | | | | | | √ | | | | | |
| 131 | | | | | | | | √ | | √ | | | | | |
| 132 | | | | | | | √ | | | | | | | | |
| 133 | | | | | | | | | | | | | | | |
| 137 | | | | | | | | √ | √ | | | | √ | | |
| 138 | √ | | | | | | √ | | | | | | | | |
| 139 | | | | | | | √ | √ | | √ | | | | | |
| 141 | | | | √ | | √ | | | | | | | | | |
| 143 | | | | | | | √ | | √ | √ | | | | | |
| 144 | √ | | | √ | | | √ | | | | | | | | |
| 146 | √ | | | | | | √ | √ | | | | | | | |

续表

| 文物编号 | 病害类型 | | | | | | | | | | | | | | |
|---|---|---|---|---|---|---|---|---|---|---|---|---|---|---|---|
| | 物理病害 | | | | | | 化学病害 | | | | | 生物病害 | 综合病害 | | |
| | 残缺 | 断裂 | 孔洞 | 裂纹 | 变形 | 瘤状物 | 点腐蚀 | 片腐蚀 | 面腐蚀 | 通体腐蚀 | 烧痕 | 微生物浸蚀 | 应力腐蚀 | 触摸损害 | 涂画 |
| 147 | | | | | | √ | √ | | | √ | | | | | |
| 150 | √ | | | | | | | | | √ | | | | | |
| 151 | | | | | | | | √ | √ | | | | | | |
| 152 | | | | | | | | √ | | √ | | | | | |
| 153 | | | | | | | √ | | | | | | | | |
| 154 | √ | | | | | | √ | √ | | √ | | | | | |
| 155 | | | | | | | √ | | √ | | | | | | |
| 156 | | | | | | | | √ | | √ | | | | | |
| 164 | | | | | | | √ | √ | | √ | | | | | |
| 165 | | | | | | | √ | √ | | √ | | | | | |
| 166 | | | | | | | | | √ | | | | | | |
| 168 | | | | | | | | √ | √ | | | | | | √ |
| 170 | √ | √ | | | | | | | | | | | | | |
| 171 | | | | | | | | | | | | | | | √ |
| 172 | | | | | | | | | | | √ | | | | |

续表

| 文物编号 | 病害类型 | | | | | | | | | | | | | | |
|---|---|---|---|---|---|---|---|---|---|---|---|---|---|---|---|
| | 物理病害 | | | | | | 化学病害 | | | | | 生物病害 | 综合病害 | | |
| | 残缺 | 断裂 | 孔洞 | 裂纹 | 变形 | 瘤状物 | 点腐蚀 | 片腐蚀 | 面腐蚀 | 通体腐蚀 | 烧痕 | 微生物浸蚀 | 应力腐蚀 | 触摸损害 | 涂画 |
| 173 | | | | | | | | | | | | | | √ | |
| 174 | | | | | | | √ | | | | | | | | |
| 175 | | | | | | | | √ | | | | | | | |
| 176 | | | | √ | | | | | | | | | | | |
| 177 | | | | | | | | | | | | √ | | | |
| 178 | | √ | | | | | | √ | | | | | | | |
| 179 | | | | | | | | √ | √ | | | | | | |
| 180 | | | | | √ | | | | | | | | | | |
| 181 | √ | | | | | | √ | | | | | | | | |
| 183 | | | | | | | | √ | √ | | | | | | |
| 186 | | | | | | | √ | √ | | | | | | | |
| 188 | | | | | | | √ | | | | | | | | |
| 191 | | | | | | | √ | | √ | | | | | | |
| 193 | | | | | | | √ | | | | | | | | |
| 194 | | | | | | | √ | | | | | | | | |

续表

| 文物编号 | 病害类型 | | | | | | | | | | | | | | |
|---|---|---|---|---|---|---|---|---|---|---|---|---|---|---|---|
| | 物理病害 | | | | | | 化学病害 | | | | | 生物病害 | 综合病害 | | |
| | 残缺 | 断裂 | 孔洞 | 裂纹 | 变形 | 瘤状物 | 点腐蚀 | 片腐蚀 | 面腐蚀 | 通体腐蚀 | 烧痕 | 微生物浸蚀 | 应力腐蚀 | 触摸损害 | 涂画 |
| 195 | | | | √ | | | | √ | | √ | | | | | |
| 198 | | | | | | | | | √ | | | | | √ | |
| 199 | √ | | √ | | | | | | √ | | | √ | | | |
| 200 | | | | | | | √ | | | | | | | | |
| 201 | | | | | | √ | | | | √ | | | | | |
| 202 | √ | √ | √ | √ | √ | | | | | √ | | | | | |
| 203 | | | | | | | √ | | | √ | | | | | |

## 附录5 中国古代大型铁质文物调研项目团成员信息

本项目自2007年3月开始实施，在完成项目策划、调研人员招募培训等准备工作后，自2007年7月开始调研，2008年暑期在2007年所调查、整理的基础上，扩大其他调研范围，并对部分记录不详的文物数据、资料进行实地补查。截至2009年6月，本项目共计组织30支分团、228名同学参与实地调研，近百人参与项目的组织实施、资料整理、成果转化等工作。在此仅列出本项目2009年工作核心成员及2007年、2008年调研团成员，并对在此项目开展全程中指导、帮助完成工作的老师同学们致以衷心的感谢!

**指导教师：**韩汝玢教授、潜伟教授、石新明副教授、马清林研究员、孙淑云教授、梅建军教授、李秀辉副教授

**核心成员：**王丽莉、廖国庆、李娟、易慧、裴欣、谢恩敬、杨忠慧、刘壮壮、郑攀峰、庞泉、茶国吉、李博、郝楠、李娜、张潮

调研团成员（2007年）：

| 序号 | 分团名称 | 负责人 | 学院年级 | 调研地点 | 团队人数 |
|---|---|---|---|---|---|
| 1 | 2007年北京1分团 | 王　芸 | 冶金05 | 北　京 | 12 |
| 2 | 2007年北京2分团 | 聂品旭 | 材料06 | 北　京 | 9 |
| 3 | 2007年北京3分团 | 汪浩鹏 | 机械06 | 北　京 | 6 |
| 4 | 2007年北京4分团 | 祥　雨 | 机械05 | 北　京 | 4 |
| 5 | 2007年天津分团 | 王佩鑫 | 材料05 | 北京、天津 | 8 |
| 6 | 2007年四川分团 | 王　燚 | 机械06 | 峨眉、平武 | 4 |
| 7 | 2007年山东分团 | 张冬亮 | 材料06 | 山东泰安、聊城 | 9 |
| 8 | 2007年嵩山分团 | 杨建超 | 机械05 | 河南嵩山 | 6 |
| 9 | 2007年太原分团 | 余　捷 | 机械05 | 山西太原 | 11 |
| 10 | 2007年北戴河分团 | 刘　尧 | 材料06 | 北戴河 | 4 |
| 11 | 2007年浙江分团 | 余　淼 | 文法06 | 浙江湖州 | 6 |

续表

| 序号 | 分团名称 | 负责人 | 学院年级 | 调研地点 | 团队人数 |
|---|---|---|---|---|---|
| 12 | 2007 年沧州分团 | 王　昊 | 材料 05 | 沧　州 | 5 |
| 13 | 2007 年西安分团 | 杨朝傑 | 冶金 06 | 西　安 | 9 |
| 14 | 2007 年云南分团 | 王　旭 | 冶金 06 | 长春、云南 | 4 |

以个人形式参与调研的成员统计表

| 姓　名 | 班　级 | 调研地点 | 姓　名 | 班　级 | 调研地点 |
|---|---|---|---|---|---|
| 贺王强 | 物理 0601 | 陕西西安 | 刘　倩 | 材料 0511 | 山西吕梁 |
| 宋默西 | 经管 0503 | 河北烈士陵园 | 李　强 | 材料 0610 | 山西高平 |
| 郜　芸 | 环境 0504 | 山西晋城和高平 | 唐　阔 | 环境 0504 | 河北承德 |
| 张慧琴 | 环境 0504 | 河北承德 | 何东昌 | 机械 0611 | 河南丰山 |
| 李　坤 | 经管 0503 | 辽宁本溪 | 刘　伟 | 机械 0611 | 河南安庆 |
| 张　睿 | 材料 0503 | 甘肃平凉 | 于德森 | 机械 F0602 | 河北东光 |
| 唐　治 | 材料 0603 | 湖南衡阳 | 初曜旭 | 机械 F0601 | 山东蓬莱 |
| 杨京艳 | 经管 0503 | 山东岱庙 | 付培栋 | 冶金 0602 | 北　京 |
| 马晓彬 | 机械 0604 | 北　京 | 孙亚伟 | 机械 0611 | 江苏徐州 |
| 李黎光 | 生态 0501 | 河南巩县 | 庞启航 | 材料 0504 | 辽宁大连旅顺 |
| 彭晓旭 | 材料 0514 | 安徽绩溪县龙川 | 卢靖怡 | 经管 0503 | 河北沧州 |
| 雷佳良 | 物理 0601 | 山西富平 | 李玉颖 | 经管 0503 | 河北邢台 |
| 金小鹏 | 管体 0501 | 湖　南 | 杨　琳 | 经管 0503 | 山东青岛 |
| 黄　鹏 | 机械 F0602 | 云南铁经幢 | 彭　勃 | 机械 0614 | 河北平山 |
| 刘　方 | 机械 0508 | 湖南岳阳 | | | |

调研团成员（2008 年）：

| 序号 | 分团名称 | 负责人 | 学院年级 | 调研地点 | 团队人数 |
|---|---|---|---|---|---|
| 1 | 2008 年河北 1 分团 | 令狐绍华 | 土木 07 | 涞水、易县、涞源 | 4 |
| 2 | 2008 年河北 2 分团 | 张　哲 | 机械 06 | 秦皇岛、北戴河 | 5 |
| 3 | 2008 年河南 1 分团 | 徐剑忠 | 机械 07 | 开　封 | 4 |
| 4 | 2008 年河南 2 分团 | 王泽龙 | 信息 06 | 焦　作 | 6 |

续表

| 序号 | 分团名称 | 负责人 | 学院年级 | 调研地点 | 团队人数 |
|---|---|---|---|---|---|
| 5 | 2008 年山东 1 分团 | 刘亚勤 | 材料 06 | 运　城 | 6 |
| 6 | 2008 年山东 2 分团 | 宁昭锟 | 信息 07 | 泰　安 | 6 |
| 7 | 2008 年山东 3 分团 | 谢云飞 | 冶金 06 | 曲阜、济宁 | 4 |
| 8 | 2008 年山东 4 分团 | 殷绍银 | 应用 06 | 济南、聊城 | 4 |
| 9 | 2008 年山西 1 分团 | 卢　辉 | 机械 07 | 太原、平遥 | 5 |
| 10 | 2008 年山西 2 分团 | 宁立群 | 冶金 06 | 临　汾 | 6 |
| 11 | 2008 年山西 3 分团 | 廖国庆 | 冶金 06 | 长治、晋城 | 8 |
| 12 | 2008 年陕西分团 | 方晓飞 | 冶金 06 | 洛　阳 | 4 |
| 13 | 2008 年云南、辽宁分团 | 王　旭 | 冶金 06 | 长春、云南 | 7 |
| 14 | 2008 年浙江分团 | 盛　健 | 机械 07 | 浙　江 | 5 |
| 15 | 2008 年北京 1 分团 | 王　刚 | 材料 07 | 北　京 | 6 |
| 16 | 2008 年北京 2 分团 | 谢　萌 | 信息 07 | 北　京 | 6 |

以个人形式参与调研的成员统计表

| 姓　名 | 班　级 | 调研地点 | 姓　名 | 班　级 | 调研地点 |
|---|---|---|---|---|---|
| 董新利 | 热能 0602 | 山东潍坊 | 陈一劲 | 材料 0607 | 北　京 |
| 张　潮 | 信息 0606 | 河北涉县 | 刘付山 | 英语 0701 | 南　京 |
| 张　一 | 车辆 0601 | 驻马店 | 王　佳 | 资源 0601 | 宝鸡市 |
| 叶茂欣 | 机械 0714 | 威　海 | 王海涛 | 信息 0604 | 北　京 |
| 丁　浩 | 信息 0610 | 青　岛 | 付　存 | 材研 0703 | 北　京 |
| 阿衣加玛丽 | 生态 0602 | 新疆乌鲁木齐 | 张梦蟾 | 法学 0702 | 四川峨眉山 |
| 朱秉森 | 设备 0701 | 府谷县 | 赵紫玉 | 信息 0615 | 福建福州 |
| 向金龙 | 信息 0718 | 西安市 | 毛　勍 | 材料 0610 | 北　京 |

# 附录6　日程回顾

2007年3月：北京科技大学中国古代大型铁质文物调研宣传项目正式启动

2007年6月10日：项目组对外招募实地调研团成员

2007年6月25日：招募结束，开始对调研员开展多项培训

2007年7月6日：中国古代大型铁质文物调研宣传实践团出征仪式在北京科技大学镭目报告厅正式举行

2007年7月～9月：实践团开展实地调研、宣传宣讲等多种活动

2007年9月～12月：项目组对调研数据进行整理分析，撰写报告、绘制画册，开展校内宣传

2008年1月：与专家交流，总结不足，表彰先进

2008年3月：项目组着手准备当年实地调研相关事项

2008年5月：项目组对外招募实地调研团成员，并开始各项培训工作

2008年7月9日：作为北京市暑期社会实践重点团队参加首都大学生社会实践出征仪式

2008年7月～9月：实践团开展实地调研、宣传宣讲等多种活动

2008年10月～12月：项目组对调研数据进行整理分析，撰写报告、绘制画册，开展校内宣传

2009年1月：与专家交流，重新绘制画册

2009年3月：项目组正式启动挑战杯参赛事宜

2009年11月：制作完成扑克、画册、视频、网站等工作，进入第十一届“挑战杯”全国大学生课外学术科技作品竞赛

2010年3月起：项目组重新整理资料，汇辑成书

# 附录 7　获奖情况

2007 年，中国古代大型铁质文物学生调研团获“首都高校大学生社会实践优秀团队”称号

2007 年，调研报告获“首都大学生社会实践优秀成果”称号

2007 年，调研报告获第四届北京大学生科普调研征文二等奖

2008 年，中国古代大型铁质文物学生调研团获“首都高校社会实践优秀团队”称号

2008 年，《中国古代大型室外铁质文物画册》获“首都高校大学生社会实践优秀成果”称号

2008 年，《中国部分地区古代大型铁质文物病害分类及成因分析》获校第十一届“摇篮杯”大学生课外学术科技作品竞赛特等奖

2008 年，《中国古代大型铁质文物与宗教信仰的初探》获校第十一届“摇篮杯”大学生课外学术科技作品竞赛一等奖

2009 年，《中国古代大型铁质文物保护现状及其文化价值调研报告》获第十一届“挑战杯”全国大学生课外学术科技作品竞赛二等奖

# 后　记

自2007年3月至今，铁器项目随着同学们的升学、深造不断进行人员的更替，前后近百名同学参与到后期的整理转化工作中，但始终坚持将228名实践队员调查的207件铁质文物信息进行整理分析。在学校领导老师的帮助鼓励下，在专家学者的指导修正下，在同学们日以继夜的努力下，终于将此阶段工作告一段落。

在三年多的项目工作中，首先要感谢北科大的领导老师们，校党委副书记陈曦、原校团委书记石新明、冶金与材料史研究所所长梅建军、校团委副书记刘丹等诸多老师，在一千多个日日夜夜里，你们没有放弃我们，为我们提供场地、资金、人员等等，支持这个学生项目的点点进步！要感谢潜伟教授、马清林研究员、李秀辉副教授等“指南针计划”试点项目“中国古代生铁发明创造挖掘与展示”和国家“十一五”科技支撑计划项目“铁质文物综合保护技术研究”中的所有专家学者，正是有了曾经我们拿着最稚嫩、最简单的想法走到你们面前的时候，是你们一步一步引导我们完成了各项工作，虽然曾经错漏百出，虽然如今不甚完善，但请相信，我们还在努力！要感谢韩汝玢教授、孙淑云教授、马清林研究员对调研报告的高度评价和细心指导，在百忙之中为我们撰写挑战杯专家推荐函！要感谢廖国庆、郑攀峰、李娜、张潮等同学组成的三百多人的项目团队，一路上我们并肩协作，见证友谊，受益匪浅，我们曾在古老铁器面前共同许下承诺，披沥风雨但要扬钢院学子风华，共展千年铁器丰姿！

暑往寒来，历数曾有的点滴收获，备感欣慰。在“指南针计划”试点项目“中国古代生铁发明创造挖掘与展示”的支持下，此次活动中大家拍摄的大型铁质文物的一些图片已经编辑成“中国古代大型铁质文物”主题扑克牌，颇受欢迎，流传广泛；部分照片已经制作成精美画册，即将付梓，不久便可奉献给读者；此次调查取得的大型铁质文物的详细资料的整理研究工作已经结束，形成了一篇很有价值的调查报告；而同学们的篇篇手记也整理出版，稚嫩而深情地展现我们对古老铁器的关注眷恋。

虽然大部分同学都已经毕业了，但潜伟教授仍然十分支持这本书的汇编出版，倾注了大量的心血。在以王丽莉、李娟、庞泉、茶国吉、李博、易慧、王春丽、崔田灏等同学完成初稿的基础上，黄兴、于敏、王启立、刘海峰等研究生撰写了上篇各省市编者按和文字校正，本书通稿校正由王丽莉、郝楠完成。

款启寡闻、言浅文拙，如有错漏，敬请批评指正。

编　者

2010 年 10 月　北京科技大学

**原头佛祖**　　沈平/摄

铸于公元643年，现存于山西省临汾市大云寺。高6.8米，面宽3.8米，上刻有铭文“潮起潮落汾水依旧唱大云，时兴时衰施主照样拜佛祖”。

**唐代铁佛**　　董新利/摄

具体铸造年份不详（公元618~907年），现存于山东省潍坊市博物馆。高3米，宽2米，重约5吨，分段排模铸造。

**开元铁佛**　　赵紫玉/摄

铸于公元918年，现存于福建省福州市开元寺内。头高2.18米，头径1.45米，胸围8.5米，膝座围12.5米，莲花座高0.5米，围长15.5米。

**崇庆寺铁佛**　　李娟/摄

铸于公元1016年，现存于山西省长治市长子县色头镇崇庆寺正殿内。高2.5米，肩宽1米。

**崇善寺铁狮**　　杨辉/摄

铸于公元1391年，现存于山西省太原市崇善寺。总高2.38米，底座高1.05米。

**关帝庙铁狮子**　　刘亚勤/摄

铸于公元1620年，现存于山西省运城市解州镇西关关帝庙内。总高3.9米，底座宽1.1米、长1.66米，此狮有着一只兔耳和马尾，传说是为纪念关公坐骑赤兔马所造。

**文庙铁狮**　　余捷/摄

铸于明万历年间（公元1573~1620年），现存于山西省太原市文庙内。高1.44米，宽0.82米。

**岱庙前庭铁狮**　　张东亮/摄

铸于公元1770年，现存于山东省泰安市岱庙内。总高1.65米，蹲坐在长1.30米、宽1.02米、厚0.1米的铁座之上。

**太白山铁瓦**
王佳/摄

具体年份不详，据查秦代已经存在，现存于陕西省宝鸡市眉县太白山大爷海旁的空地上。单片大小为0.2米×0.3米，总计有几百片。（左上）

**金代大钟**　卢辉/摄

铸于公元1153年，现存于山西省太原市晋祠博物馆。高2.7米，口径2.24米。

**南诏铁柱**
黄鹏/摄

铸于公元872年，现存于云南大理市弥渡县城太花乡原铁柱庙正殿内。直圆柱体，通高3.3米，直径0.33米，重约2.069吨，分五节浇注，是全国绝无仅有的珍贵文物。

**崇善寺铁钟**　卢辉/摄

铸于公元1506年，现存于山西省太原市崇善寺内。高2米，口径1.8米。

**铁钟**　刘亚勤/摄

铸于公元963年，现存于山西省运城市新绛县钟楼。最大直径1.84米，最大高度2.5米，底下圆弧高0.3米，间隔0.65米。

**斗母宫铁钟**　　余捷／摄

铸于公元1788年，现存于山东省泰山市斗母宫门北钟楼。高1.4米，口径1.32米。

**龙川胡氏宗祠铁钟**　　彭晓旭／摄

铸于公元1564年，现存于安徽省绩溪县龙川胡氏宗祠。高0.85米，口径0.75米，重约0.25吨。铁钟的四面对称竖排加框刻着“皇帝万岁，国泰民安，太子千秋，风调雨顺”16个大字，此外，钟上还刻有110多个小字。其中“国”字少了一点，“民”的捺钩出头，表达了人们企盼政府少收一点税，多给老百姓一点实惠，让其休养生息、安居乐业的愿望。

**永祚寺铁钟**　　余捷／摄

铸于明嘉靖年间，现存于山西省太原市永祚寺大雄殿前。高1.13米，口径1米。

**临汾铁钟**　　宁立群／摄

铸于公元1196年，现存于陕西省临汾市大钟楼。高2.3米，口径1.58米。

**鼓楼灵钟**　　方晓飞／摄

铸于公元1555年，现存于河南省洛阳市老城区东大街钟楼。高1.56米，重1.25吨。

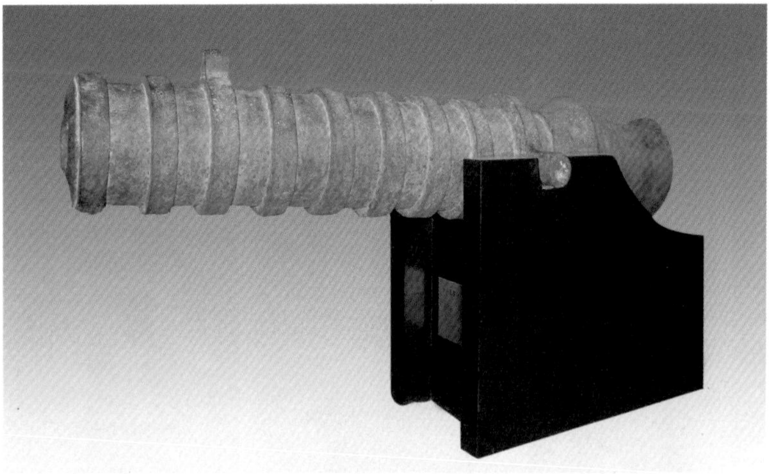

**仁字五号大将军铁炮**

王树财/摄

铸于公元1592年，现存于中国人民革命军事博物馆的古代战争馆。长1.45米，口径0.1米，炮身铸有9道箍和2个铁环。

**“耀威大将军”铁炮**

刘付山/摄

铸于公元1843年，现存于南京博物院。通长3.92米，口径0.53米，炮尾呈螺旋形，直径0.669米。

**镇海招宝山平夷前镗炮**

盛健/摄

铸于公元1841年，现存于浙江省宁波市海口海防历史纪念馆门口。炮身长1.45米，口径0.1米，重约0.8吨，能装火药2.62公斤，大小子弹4.25公斤，射程约1200米。

**释迦塔**　　谢云飞/摄

铸于公元1105年，现存于山东省济宁博物馆。塔身原为7级，明万历年间增补2级，八角楼阁式建筑，基座砖砌，通高23.8米。一层塔身铸有“皇帝万岁　重臣千岁”，第六层塔身北壁亦有文字，可惜剥蚀严重，辨认不清。

**千佛塔**　　孙海政/摄

铸于公元1590年，现存于陕西省咸阳市北杜镇，俗称北杜铁塔。塔身八面，九层，高21.5米，边宽3米。

**北宋铁经幢**　　黄鹏/摄

铸于北宋年间（公元960~1127年），现存于湖南省常德市德山乾明寺左侧。高1.33米，底径0.9米，重1.52吨，幢身共20层。

**光孝寺西铁塔**　　刘尧/摄

铸于公元963年，现存于广东省广州市光孝寺大雄宝殿后西侧。高3.28米，底宽1.22米，原有7层，现仅存3层。

**岱庙铁塔**　　张东亮/摄

铸于公元1533年，现存于山东省泰安市岱庙西花园南侧。通高3.8米，原有13层，抗战时被毁，仅存底部4层。

**故宫铁缸**　　王树财/摄

铸于公元1491年，现存于故宫博物院贞度门阶梯旁。高0.83米，厚0.067米，缸口直径1.25米，底座直径0.765米。

**文庙铁缸**　　王树财/摄

铸于公元1746年，现存于山西省博物馆大成殿右侧。高1米，缸口直径0.80米。

**天赐殿前铁缸**　　张慧琴/摄

铸于宋建中靖国年间，现存于山东省泰山岳庙天赐殿。缸口直径1.8米，厚0.03米。

**铁缸**　　张慧琴/摄

铸于乾隆年间（公元1736~1795年），现存于河北省承德市普陀宗盛之庙。高1.20米，缸口直径1.63米，庙内共有六尊大铁缸。

**清乾隆铁海**　　杨朝傑/摄

具体年份不详（清乾隆年间），现存于陕西省西安市小雁塔。长0.95米，宽0.53米，高0.43米。

**镇河铁犀**　　徐剑忠/摄

铸于公元1446年，现存于河南省开封市铁牛村。高2.04米，围长2.66米，寄托人们祈求黄河无水患的愿望。

**蒲津渡铁牛**　　王佳/摄

铸于724年，现存于陕西省运城市蒲津渡遗址展厅。高1.5米，长3.3米，铁牛伏卧，牛尾后有横铁轴一根，长2.33米。